中等职业教育课程改革国家规划新教材配套用书

土木工程识图习题集(铁道工程类)

张世军◎主　编

中国铁道出版社有限公司

2024年·北　京

内 容 简 介

本习题集与中等职业教育课程改革国家规划新教材《土木工程识图(铁道工程类)》(第二版)配套使用。全书内容与教材各项目紧密配合,习题集中练习题适量,且难度适中,以增强学生的思维能力和作图技巧。

本书为中等职业学校铁道工程、道路与桥梁工程、市政工程、房屋建筑工程、水利水电工程等土木工程类相关专业的教材,同时也可作为职业培训和相关技术人员的参考用书。

图书在版编目(CIP)数据

土木工程识图习题集. 铁道工程类/张世军主编. —2版. —北京:中国铁道出版社有限公司,2022.4(2024.2重印)
中等职业教育课程改革国家规划新教材配套用书
ISBN 978-7-113-28666-8

Ⅰ.①土… Ⅱ.①张… Ⅲ.①土木工程-建筑制图-识图-中等专业学校-习题集 ②铁路工程-建筑制图-识图-中等专业教育-习题集 Ⅳ.①TU204-44

中国版本图书馆CIP数据核字(2021)第258038号

书　　名:土木工程识图习题集(铁道工程类)
作　　者:张世军

策　　划:陈美玲
责任编辑:陈美玲　　**编辑部电话**:(010)51873240　　**电子邮箱**:992462528@qq.com
封面设计:崔丽芳
责任校对:王　杰
责任印制:高春晓

出版发行:中国铁道出版社有限公司(100054,北京市西城区右安门西街8号)
网　　址:http://www.tdpress.com
印　　刷:番茄云印刷(沧州)有限公司
版　　次:2010年7月第1版　2022年4月第2版　2024年2月第2次印刷
开　　本:787mm×1 092mm 1/16　**印张**:6.5　**插页**:4　**字数**:99千
书　　号:ISBN 978-7-113-28666-8
定　　价:32.00元

第二版前言

本习题集与中等职业教育课程改革国家规划新教材《土木工程识图(铁道工程类)》(第二版)配套使用,其内容与教材内容紧密配合,便于学生复习和巩固所学知识,练习绘图与识图基本技能。做题前必须认真复习教材相关内容,通过做题进一步巩固和掌握所学知识。本习题集难度适中,适合大多数学生的基础。带*的内容,各校可以根据实际情况选择教学安排。

本书由合肥铁路工程学校张世军任主编,参加编写工作的有:张世军(项目1),湖南交通工程职业技术学院唐新(项目2和项目4),黑龙江交通职业技术学院杨琪(项目3),武汉铁路桥梁学校廉亚峰(项目5),合肥铁路工程学校胡继红(项目6、项目8和项目9),黑龙江交通职业技术学院王井春(项目7),合肥铁路工程学校张媛媛(项目10)。

本书在编写过程中参考了一些书籍,在此向有关编著者表示衷心的感谢。由于时间仓促与编者水平有限,书中疏漏和差错在所难免,恳请使用本书的广大读者和有关同仁批评指正。

作　者

2022年2月

第一版前言

本习题集与中等职业教育课程改革国家规划新教材《土木工程识图》(铁道工程类)配套使用,其内容与教材章节紧密配合,便于学生巩固所学知识,练习绘图和识图技能。做题前必须认真复习教材相关内容,通过做题进一步巩固和掌握所学知识。本习题集难度适中,适合大多数学生的基础。带 * 的内容,各校可根据实际情况选择教学安排。

本书由合肥铁路工程学校张世军任主编,湖南交通工程职业技术学院唐新任副主编。参加编写工作的有:武汉铁路桥梁学校廉亚峰(第 1、5 章),唐新(第 2、4 章),齐齐哈尔铁路工程学校杨琪(第 3 章),合肥铁路工程学校胡继红(第 6、8、9 章),齐齐哈尔铁路工程学校王井春(第 7 章)。

本书在编写过程中参考了很多书籍,在此向有关编著者表示衷心的感谢!

由于时间仓促与编者水平有限,书中疏漏和差错在所难免,恳请使用本书的广大读者和同仁批评指正。

作　者

2010 年 3 月 2 日于合肥

目 录

项目1　制图基本知识

1.　字体练习（一）　　　　　　　　　　　　班级　　　　　　　姓名

工程制图基础墙柱梁挡板楼梯承重结构钢筋水泥砂石混凝土砖木灰浆排水

建筑屋面油毡防水层绿豆保护找平面热挂瓦顺水检查顶棚吊顶结构天窗斗管坡度线圈梁平拱玻璃

ABCDEFGHIJKLMNOP

abcd efg hij klm nop qr st uv wx yz

1 2 3 4 5 6 7 8 9 0

1 2 3 4 5 6 7 8 9 0

2. 字体练习（二） 班级 姓名

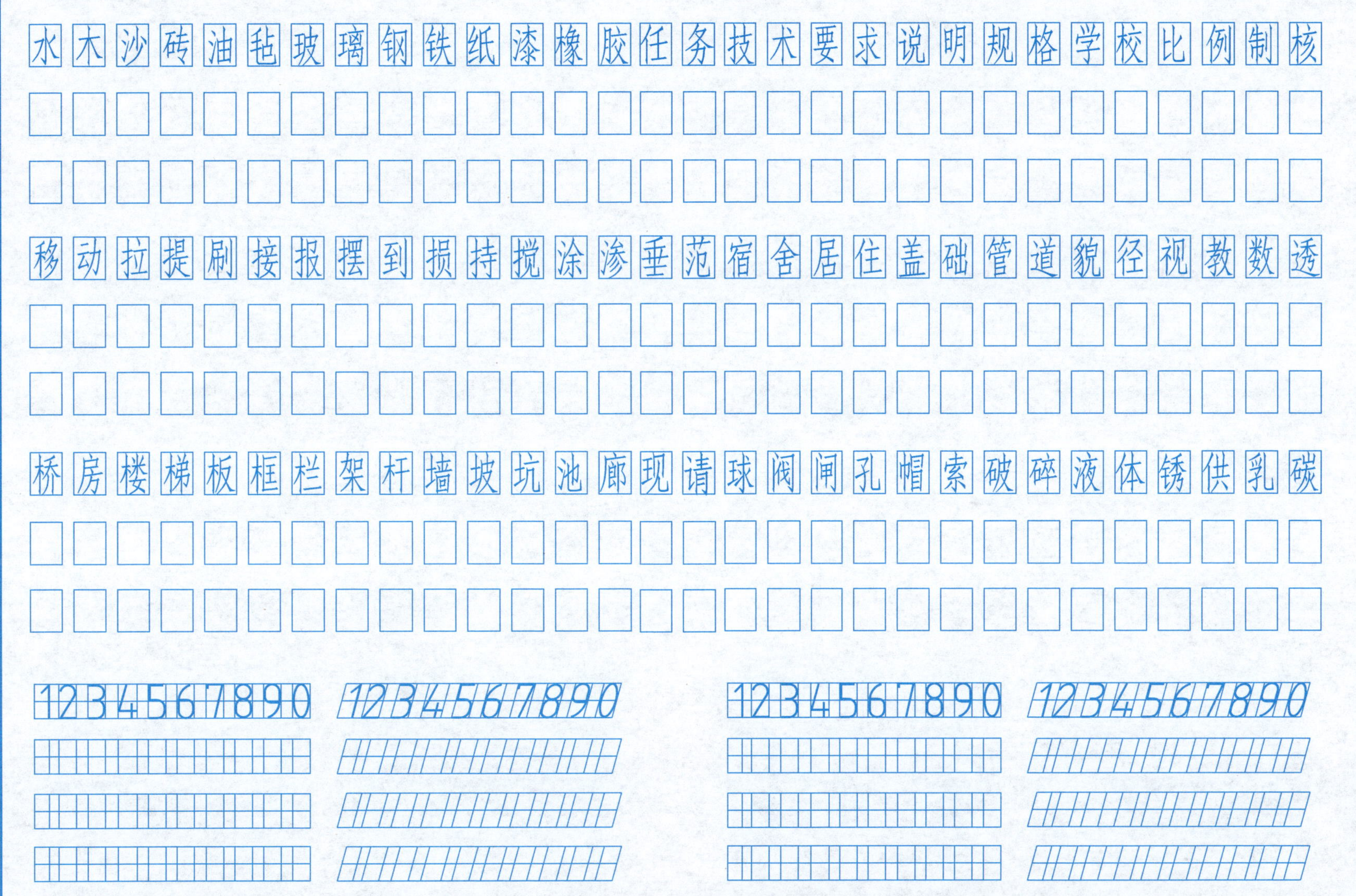

水木沙砖油毡玻璃钢铁纸漆橡胶任务技术要求说明规格学校比例制核
移动拉提刷接报摆到损持搅涂渗垂范宿舍居住盖础管道貌径视教数透
桥房楼梯板框栏架杆墙坡坑池廊现请球阀闸孔帽索破碎液体锈供乳碳
1234567890
1234567890
1234567890
1234567890

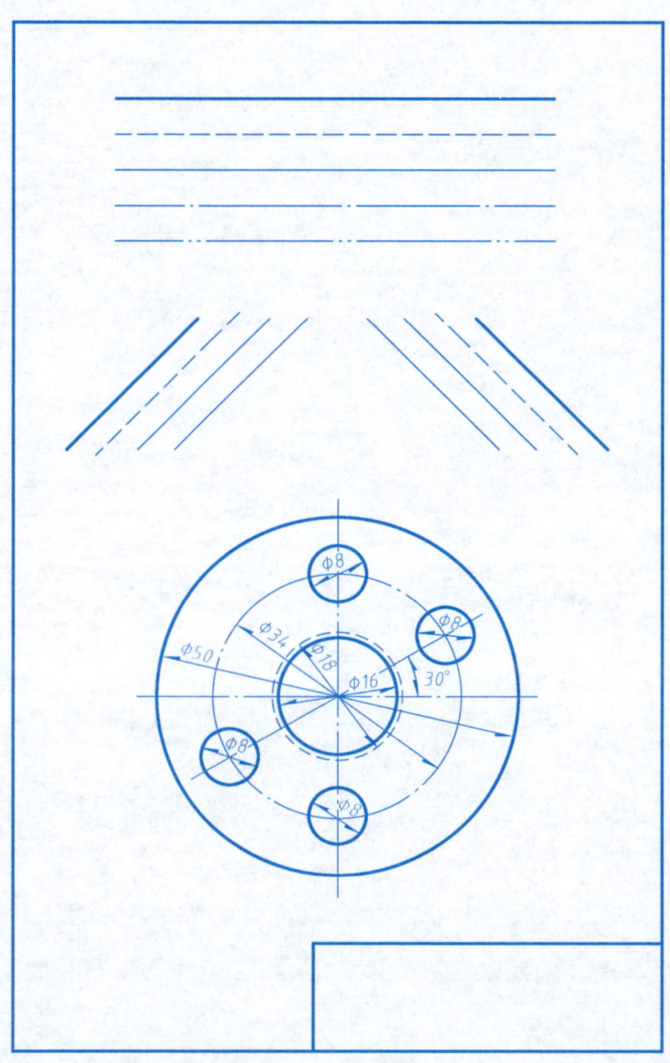

一、图名：图线练习

图号：1

图纸：A4 图幅，竖放 。

二、要求

1. 正确使用制图工具和用品。
2. 图面布置均匀，图形正确，图面整洁。
3. 按给定的尺寸采用比例2∶1 绘图。
4. 图线粗、细分明，线宽均匀，图线光滑、平直、美观，线形正确。
5. 字体工整。

三、作图步骤

1. 固定图纸，画图框、标题栏 。
2. 布置好图形位置。
3. 画底稿线 ：

   直线：水平线（先上后下)，垂直线（先左后右)，倾斜直线；

   曲线：同心圆（由小到大)，定四个小圆圆心，画出小圆。
4. 检查后加深 ：

   先曲后直，先细后粗，先水平（从上至下）后垂、斜（从左至右先画垂直线，后画倾斜线)，先小（指圆弧半径）后大。
5. 填写标题栏。

4. 图线练习（二） 班级 姓名

按图中尺寸，采用比例 1:1 在 A4 图纸上抄绘下列图线，不标注尺寸。

150

15 10 15 10 15 10 15 10 30 5 25 15 15

30°

ϕ40 ϕ80

60 60

(1) 标注直径（数值分别为 340、220、100、50）。

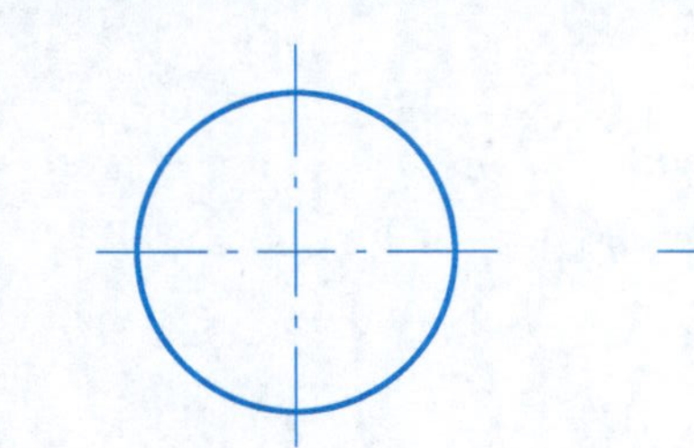

(2) 标注半径（数值分别为 430、210、40、20）。

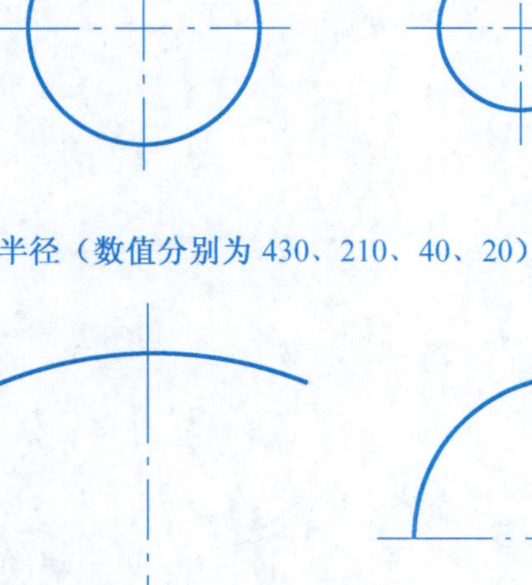

(3) 标注长度（数值分别为 140、30、20、20、10、30、110、30、40）。

(4) 根据所给的尺寸线和尺寸界线，画出尺寸起止符号，注出尺寸数字（均为 150）。

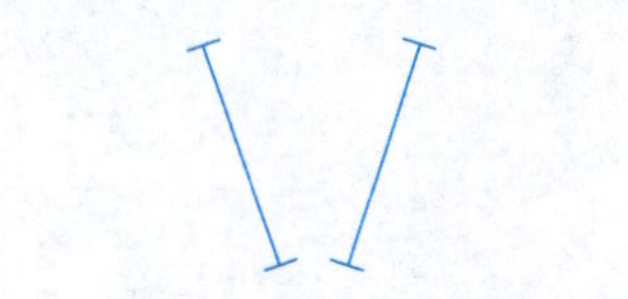

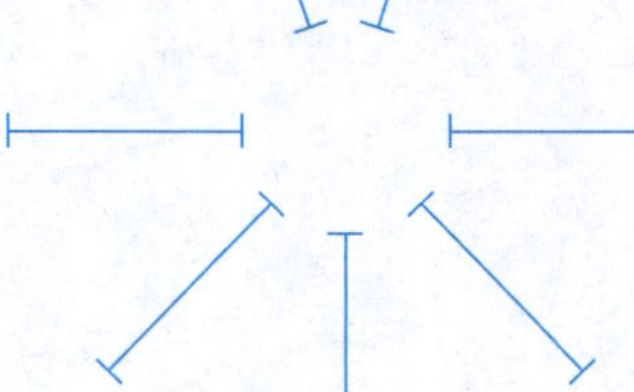

(5) 标注角度（数值分别为 30°、60°）。

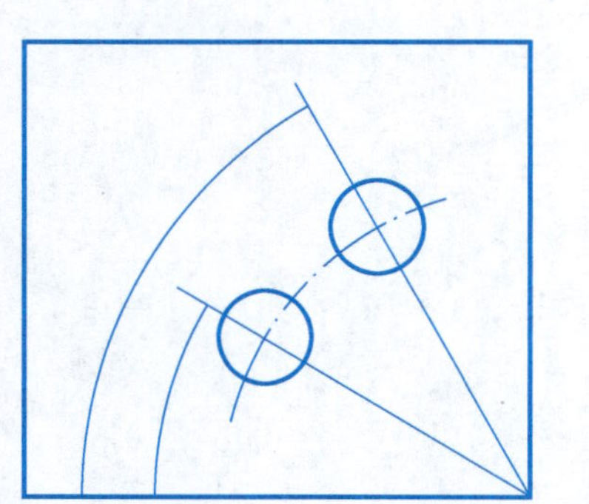

(6)在路基横断面图中，标注路基中心高程和路基边坡坡率（路基中心高程为 66.50 m，边坡坡率为 1:1.5）。

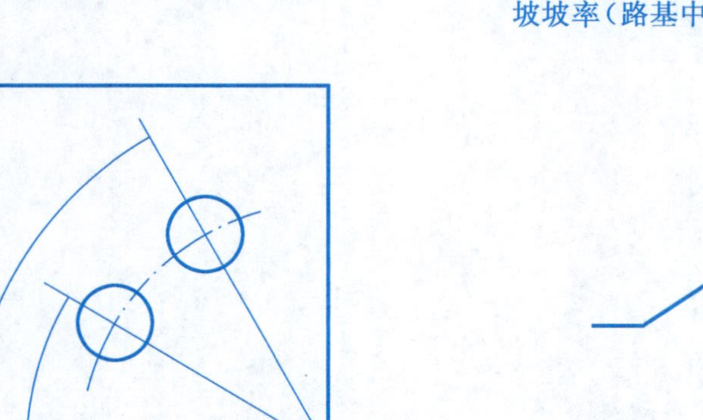
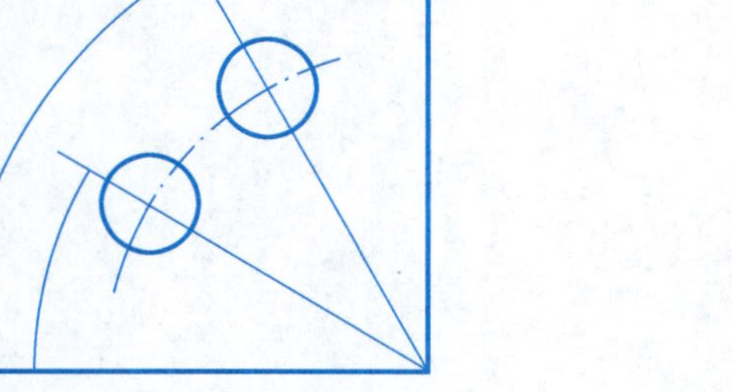

6. 尺寸标注改错　　　　　　　　　　　　　　　　　　　　　　　　　班级　　　　　　　姓名

在下面的图中标注正确尺寸。

（1）

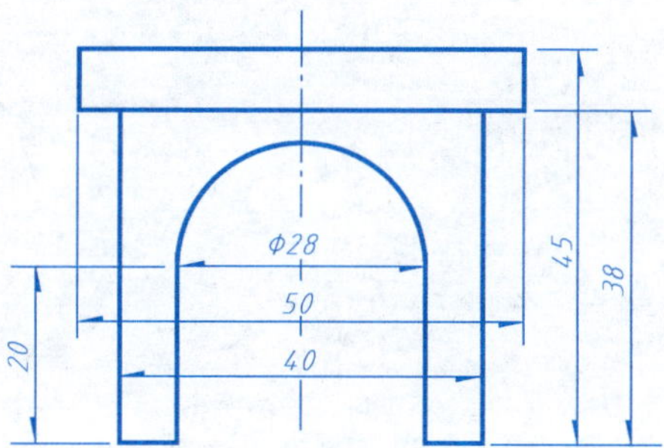

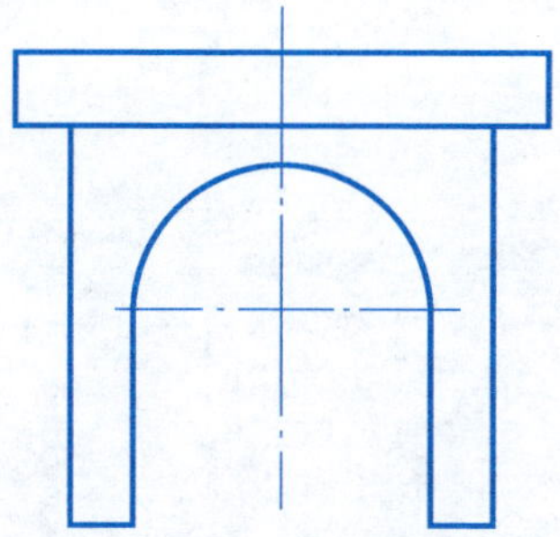

（2）

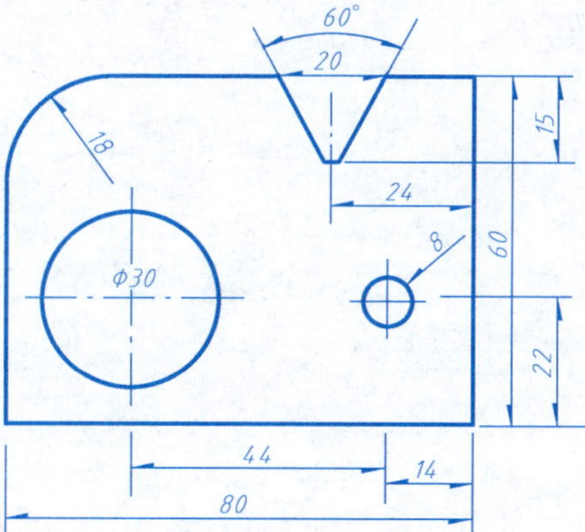

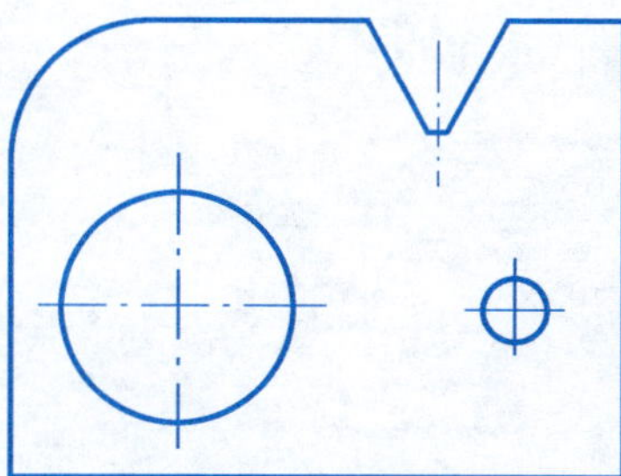

(1)用平行线法将已知线段 AB 分为五等分。

(2)过 K 点作直线 AB 的平行线和垂直线。

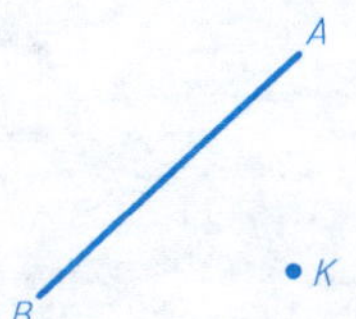

(3)作圆的内接正六边形。

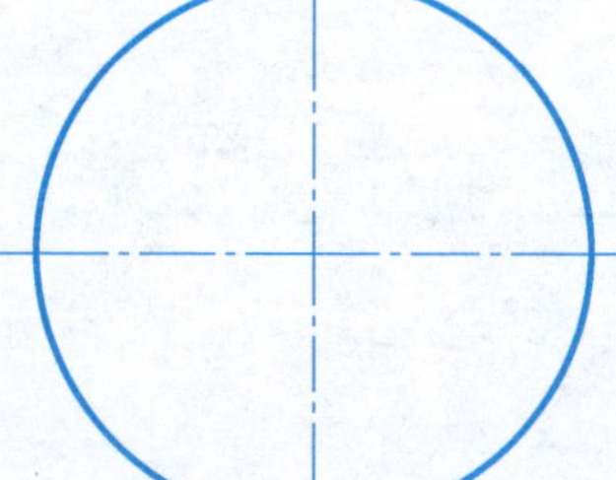

(4)作圆的内接正五边形。

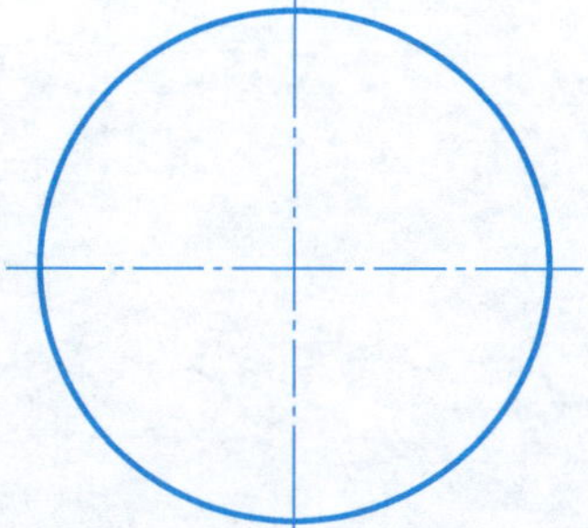

徒手作图。

说明：(1) 布图时可先分出图形的大致范围然后作图；

(2) 按给定的尺寸，采用比例 2 : 1 抄绘平面图形例图，右侧的方格单位为 5，铅笔描深；

(3) 不得使用任何绘图工具，图线画错时可以擦除重画。

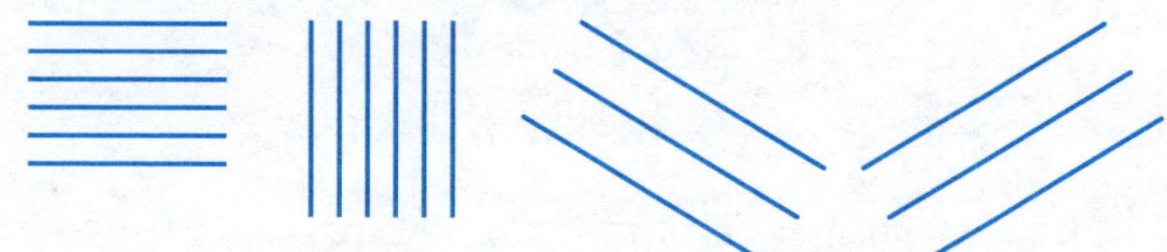

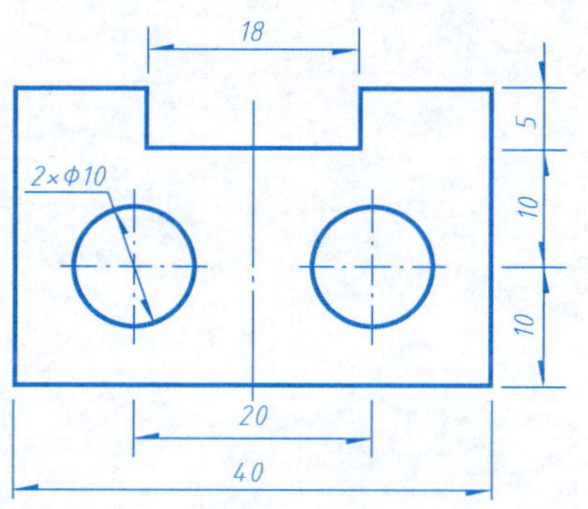

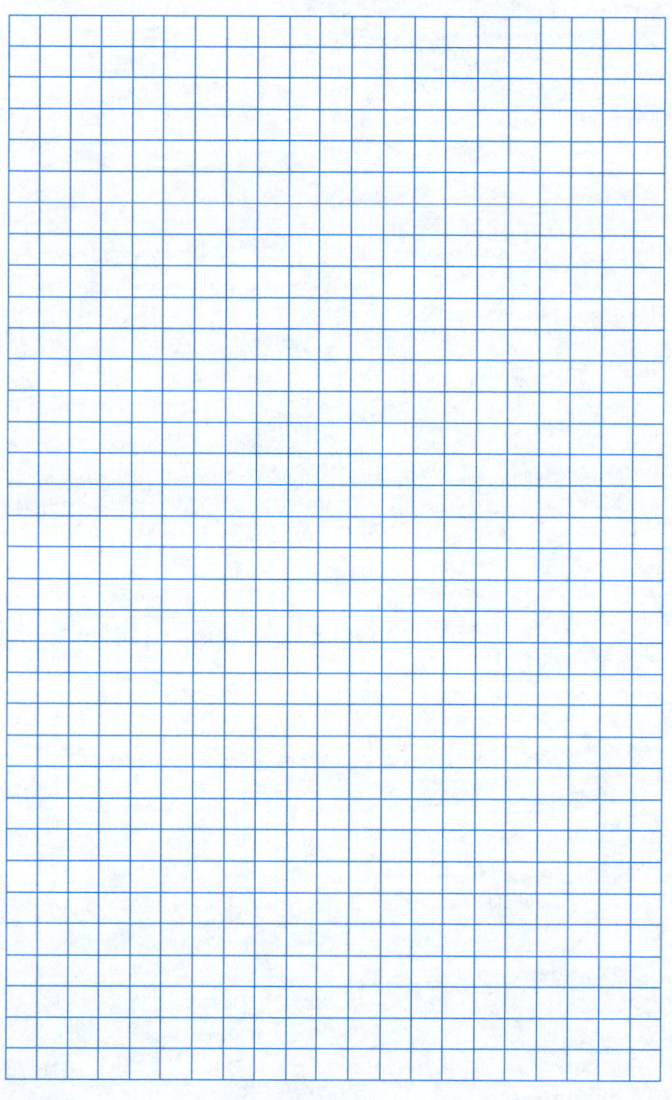

1. 投影基本知识（一） 班级 姓名

把相应立体图的编号填入投影图中的括号内。

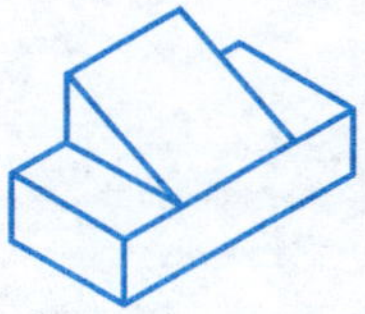

（1） 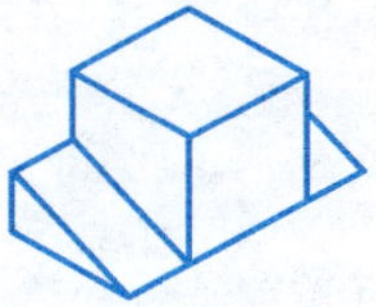 （2） 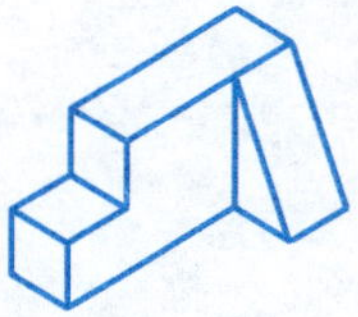 （3） 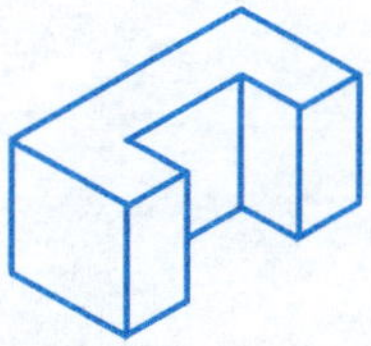 （4）

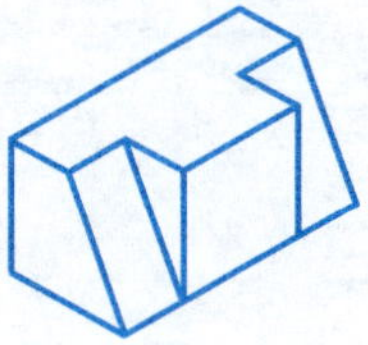

（5） 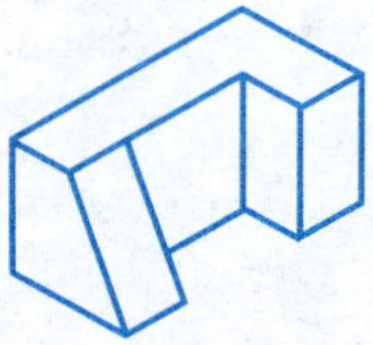 （6） 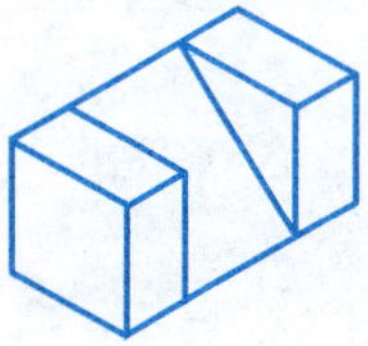 （7） 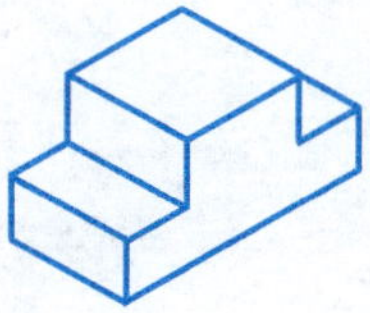 （8）

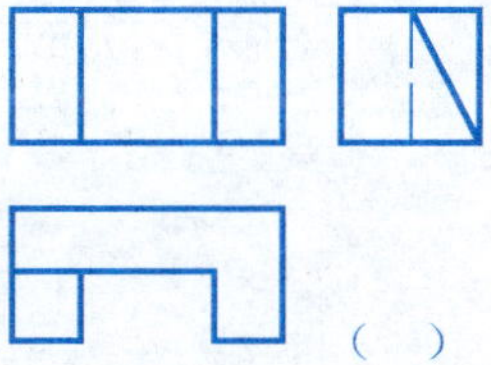

（ ） （ ） （ ） （ ）

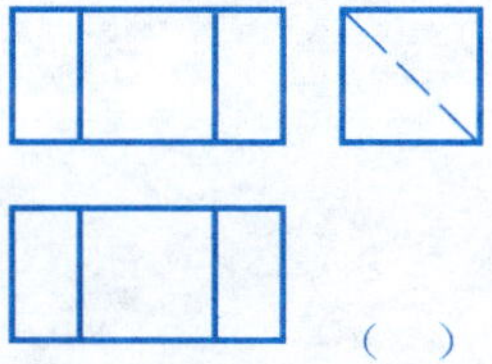

（ ） （ ） （ ） （ ）

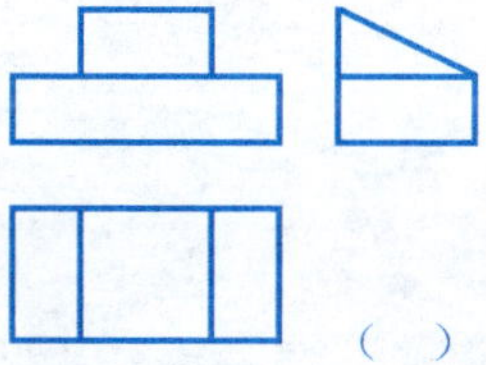

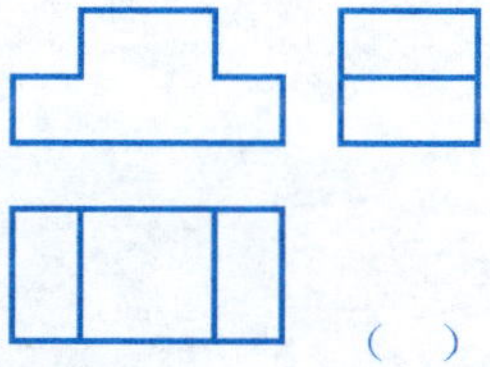

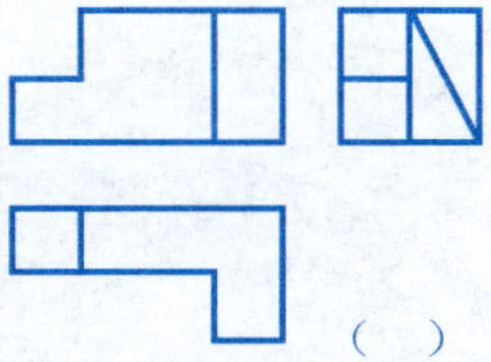

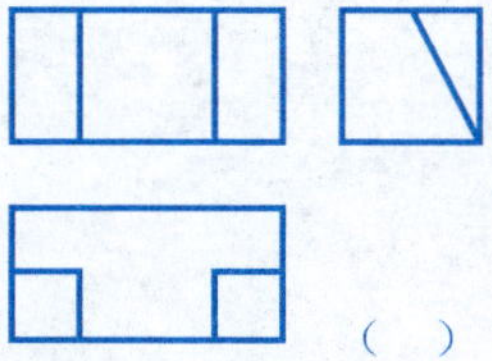

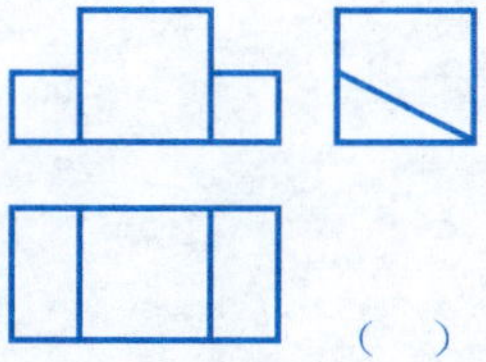

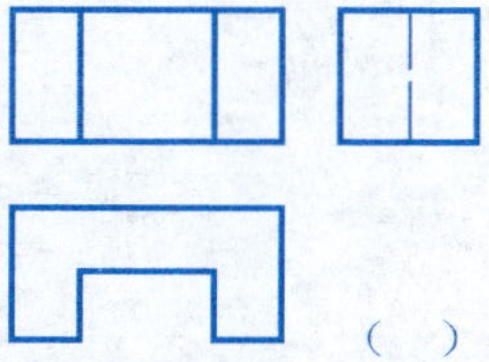

补齐三面投影图中的漏线。

（1）

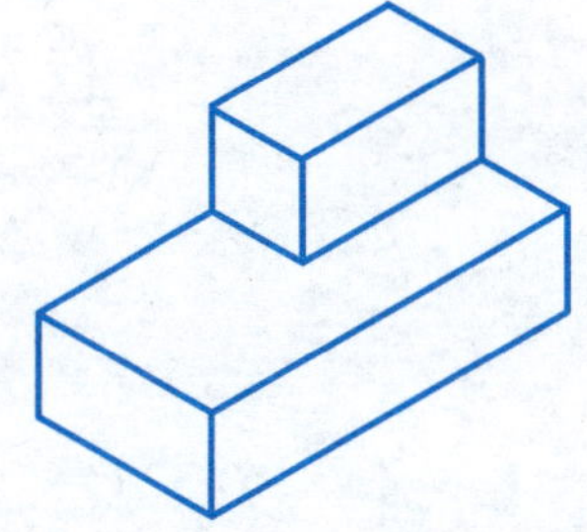

（2）

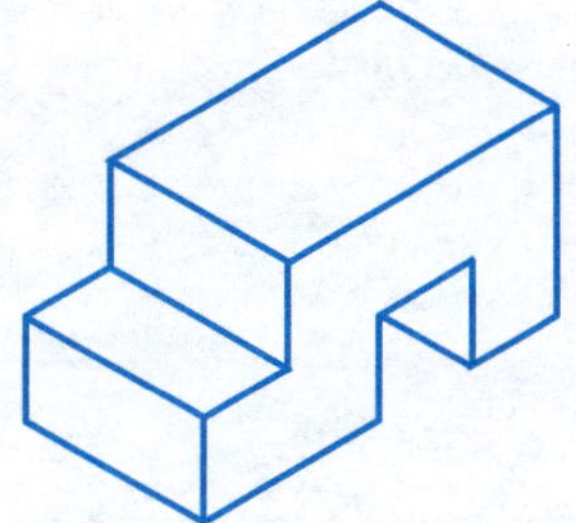

（3）

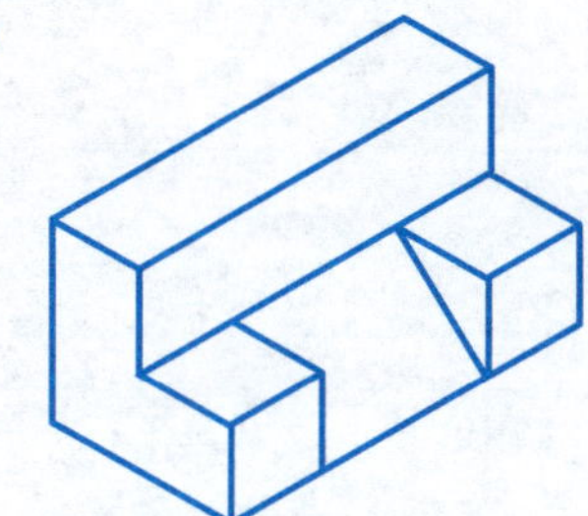

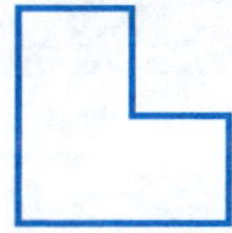

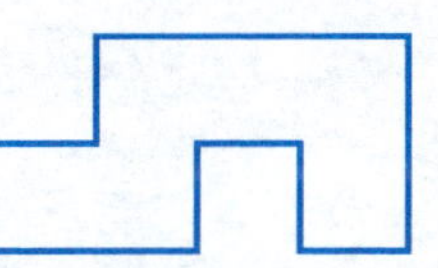

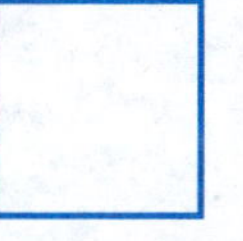

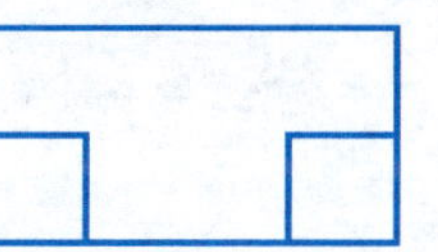

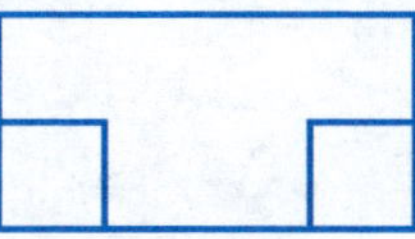

根据立体图补齐三面投影图。

（1）

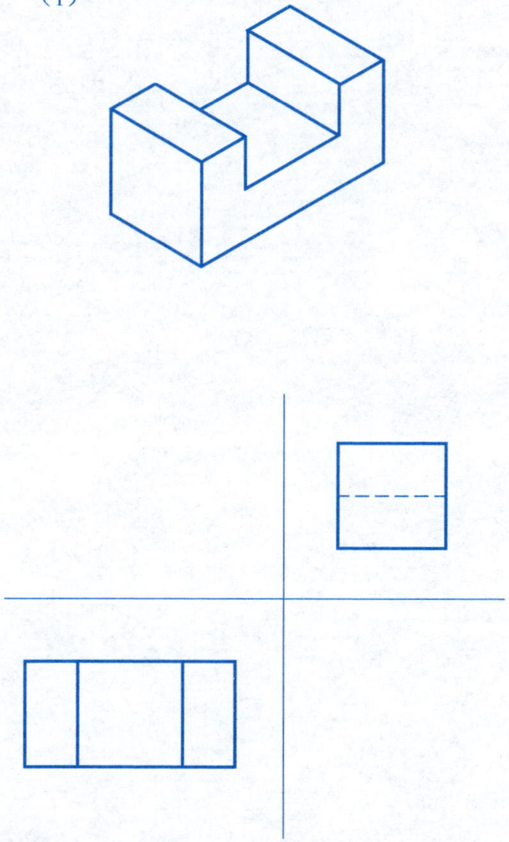

（2）

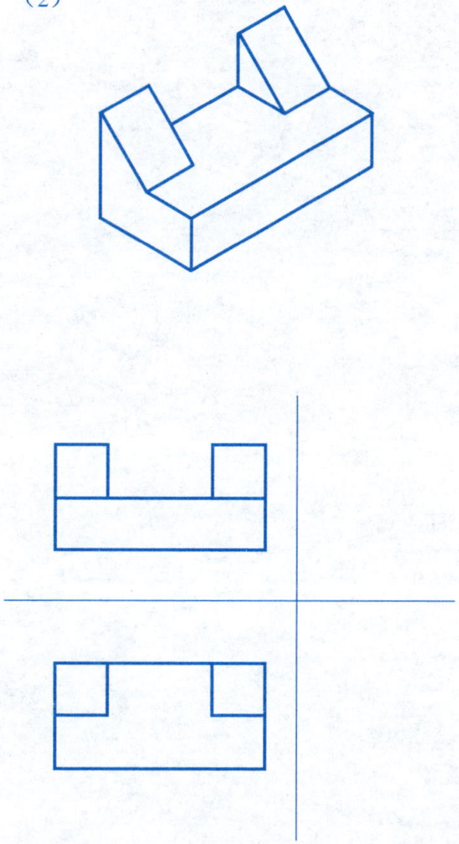

（3）

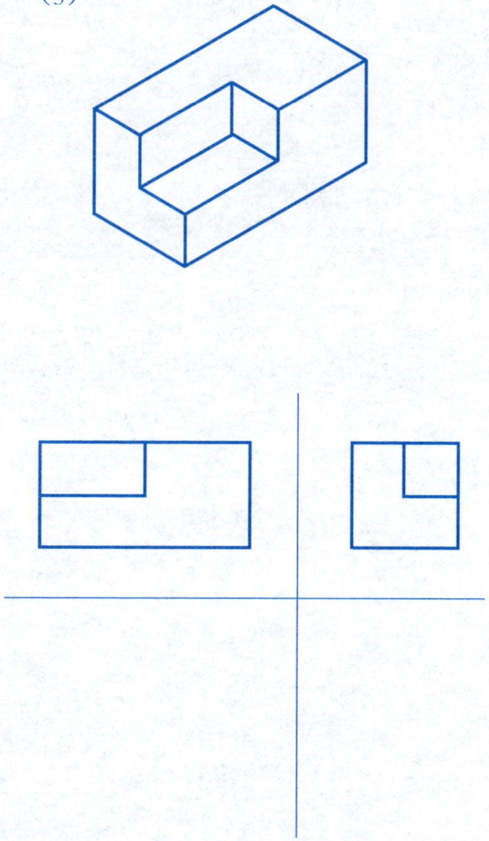

根据立体图画三面投影图（尺寸从立体图上量取，取整数）。

（1）

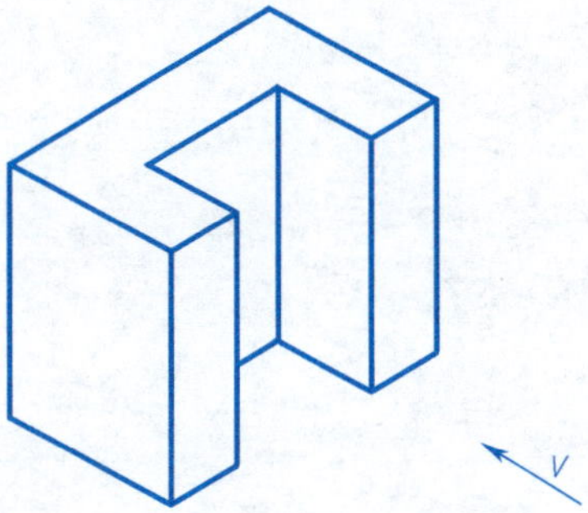

V

（2）

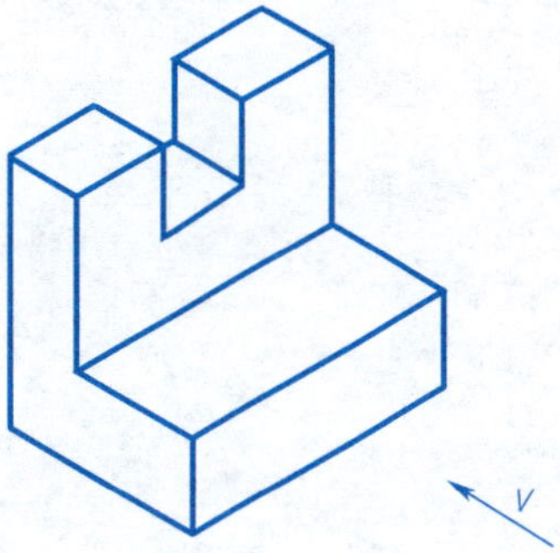

V

（3）

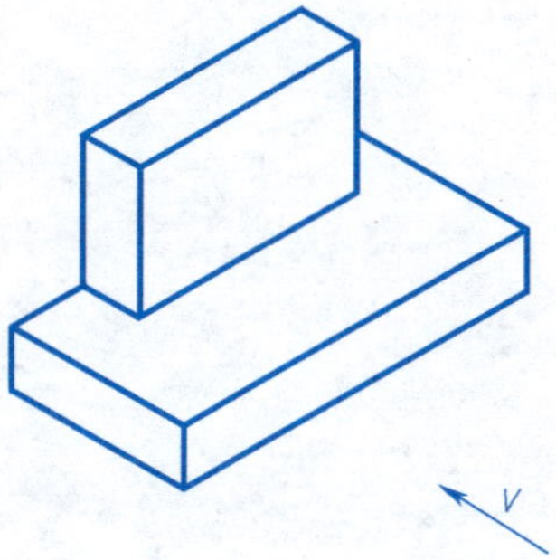

V

点的投影

(1)根据形体的立体图在其三面投影图上标注出点 A、B、C 的三投影。

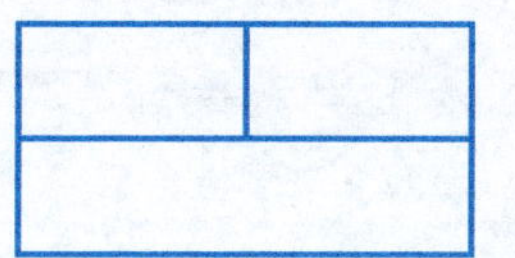

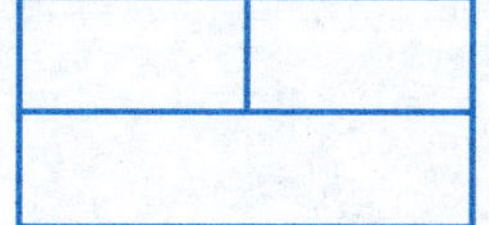

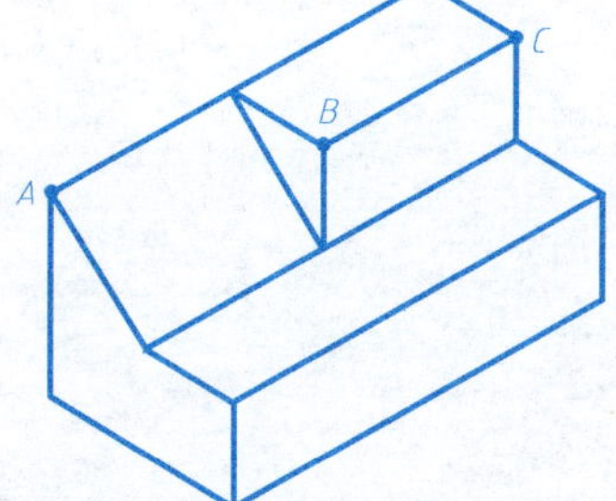

(2)完成形体及其上点 A、B的三面投影图，并在立体图上标注出这两点的位置。

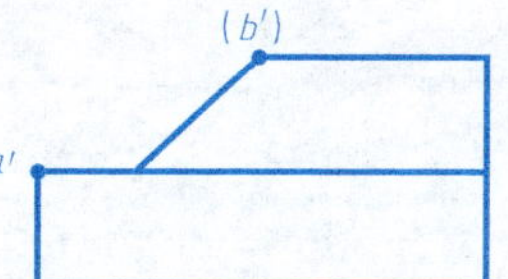

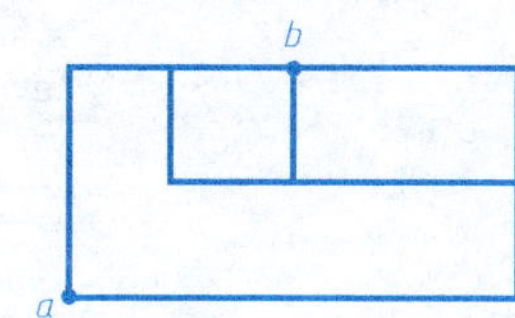

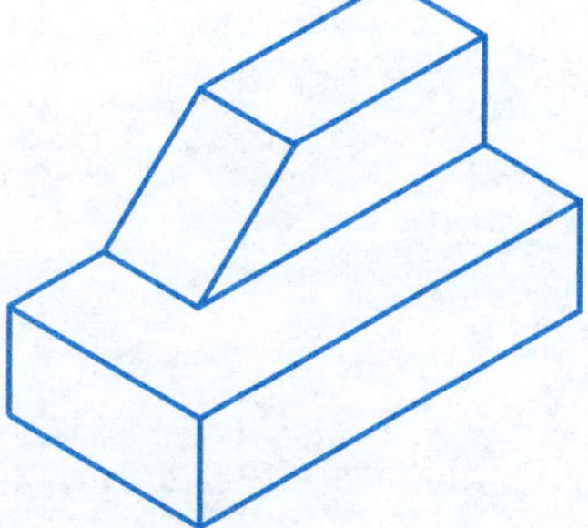

6. 投影基本知识（六）

班级　　　　姓名

(1)已知点 A 的三面投影，点 B 在点 A 左方 20 mm，后方 10 mm，下方 15 mm，试作点 B 的投影图。

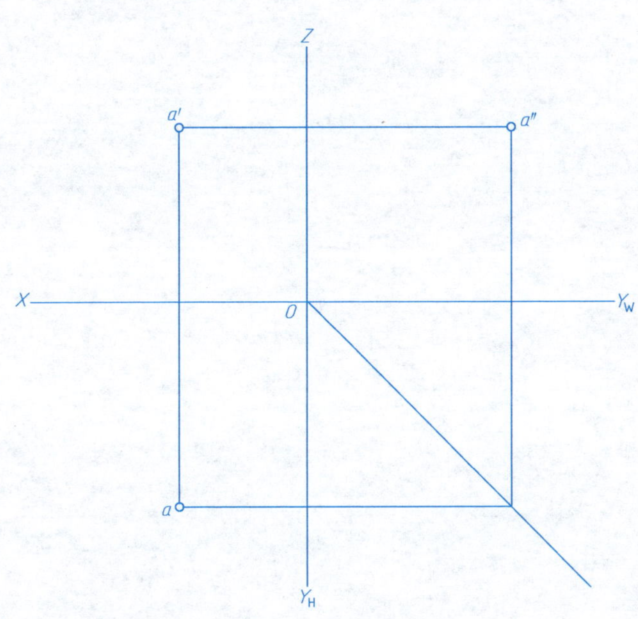

(2)已知 A、B 两点的投影，回答下列问题。

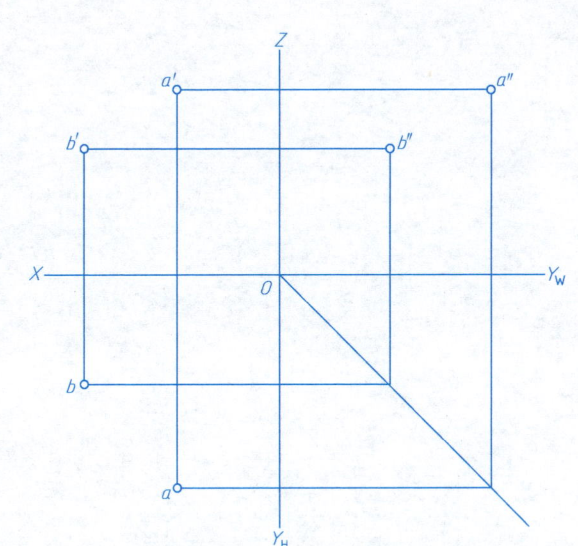

点 B 在点 A ________ 方

点 B 在点 A ________ 方

点 B 在点 A ________ 方

直线的投影（一）

（1）根据形体的立体图在其三面投影图上标注出直线 *AB*、*CD* 的三面投影，并判别直线的空间位置。

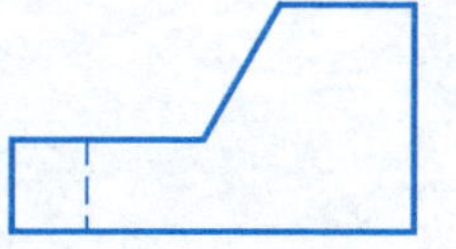

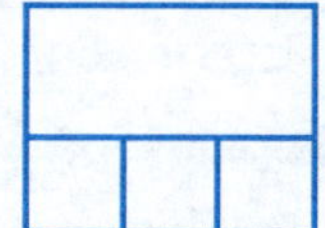

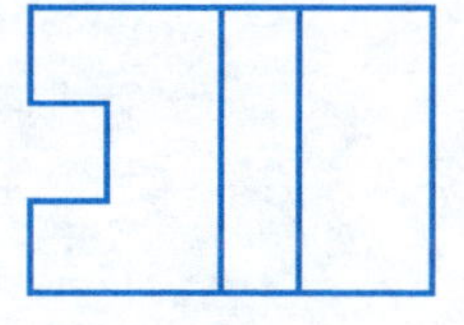

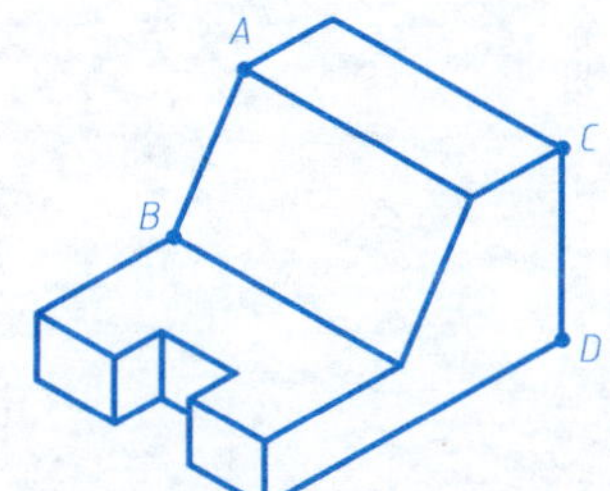

*AB*是________线

*CD*是________线

（2）完成形体及其上直线 *AB*、*CD* 的三面投影图，并在立体图上标注出来，判别直线的空间位置。

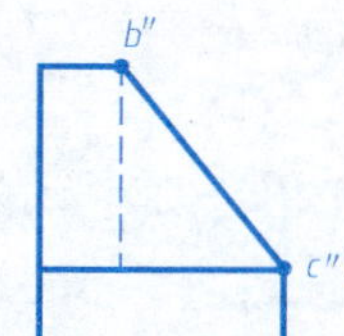

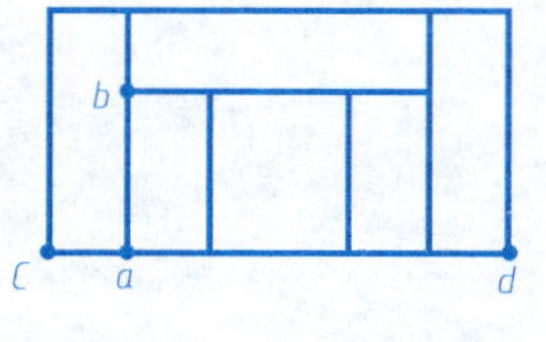

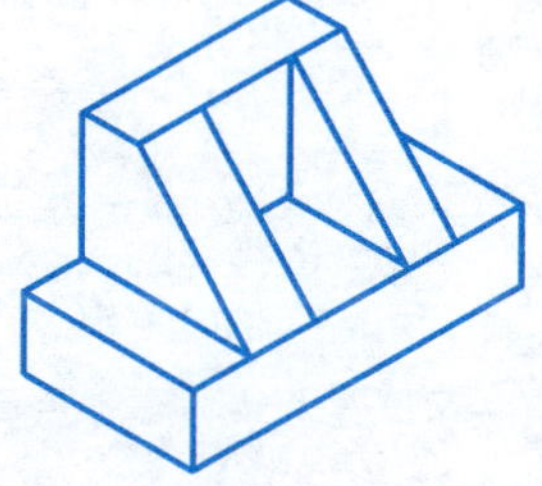

*AB*是________线

*CD*是________线

直线的投影(二)

已知直线的两投影，求第三投影，并判断直线的空间位置。

(1)

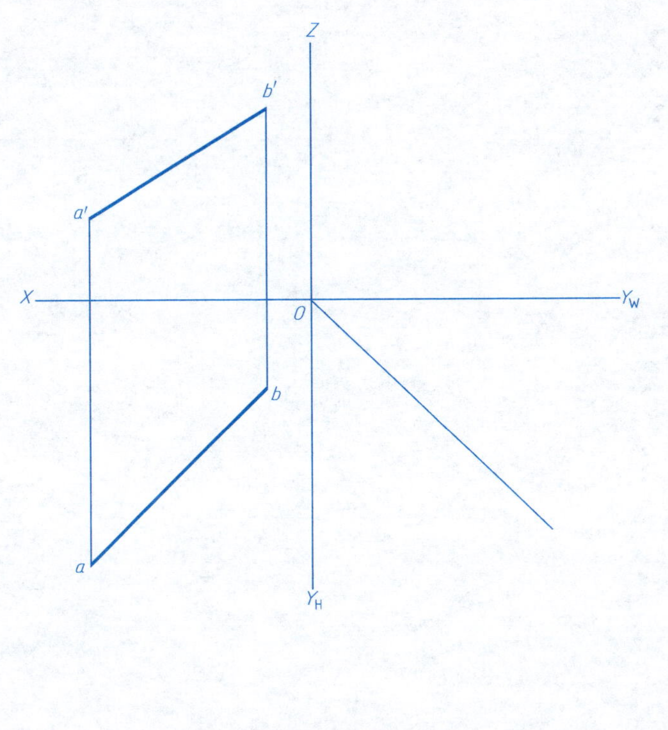

AB是________线

(2)

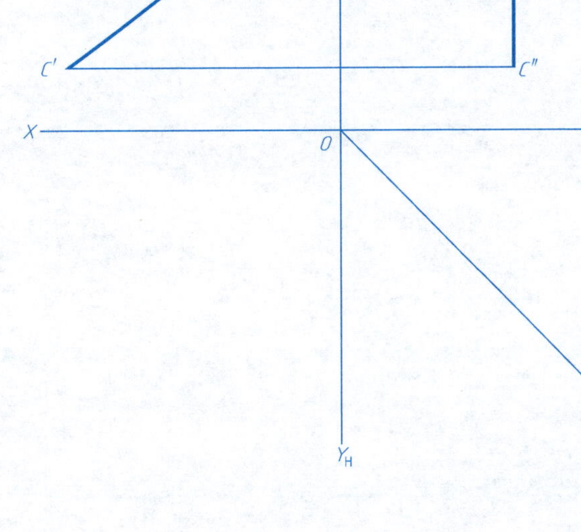

CD是________线

9. 投影基本知识（九）　　　　　　　　　　　　　　　　　　　　　　　　　　班级　　　　　　姓名

(1) 已知直线两端点 A（5，10，15）、B（25，15，5），求作直线的三面投影。

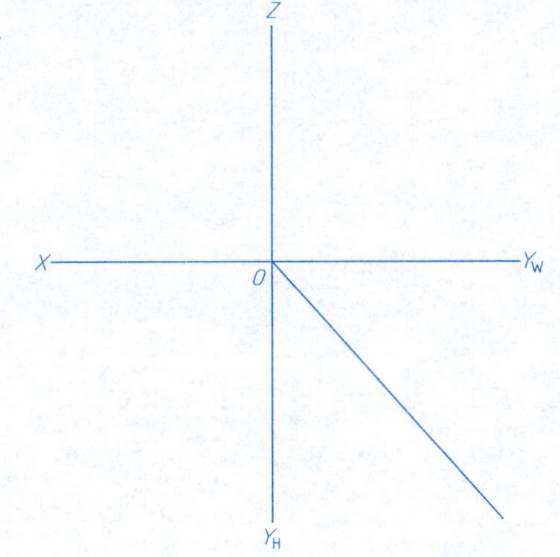

(2) 判断点是否在直线上。

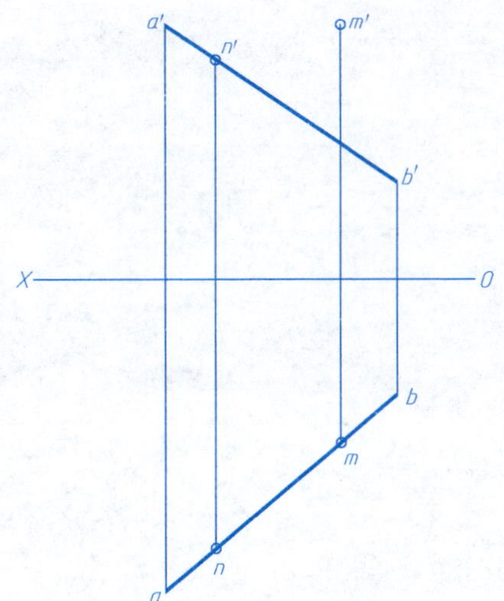

M 点____________直线 AB 上

N 点____________直线 AB 上

(3) 已知点 N 在直线 CD 上，$CN:ND=2:3$，求 N 点的投影。

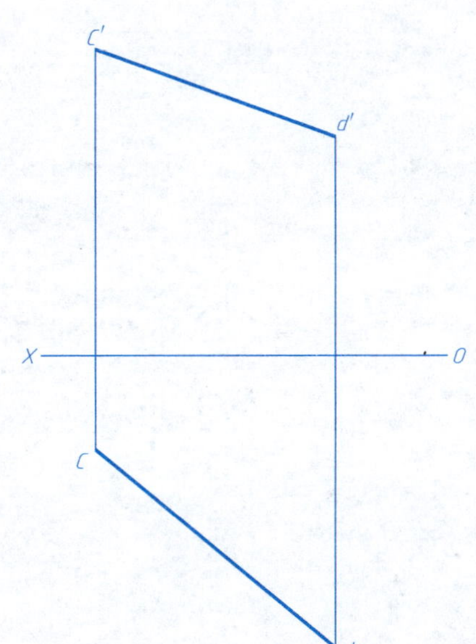

平面的投影（一）

根据立体图在三投影图中按 *B* 面的形式标出指定平面的投影，并判断是什么位置的平面。

（1）

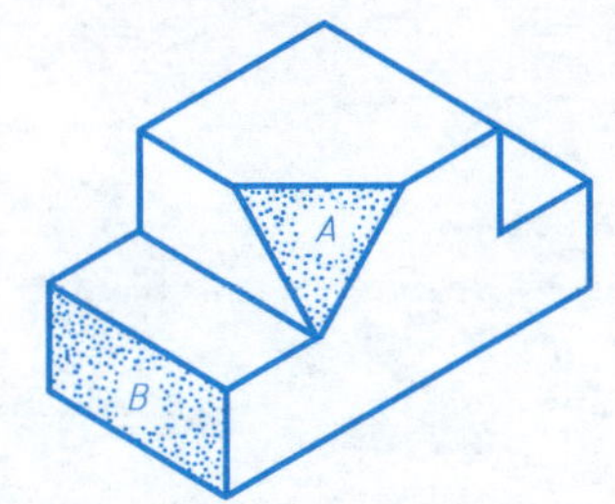

b′

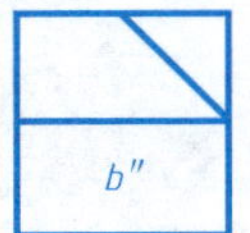

A 是 ______ 面

B 是 ______ 面

（2）

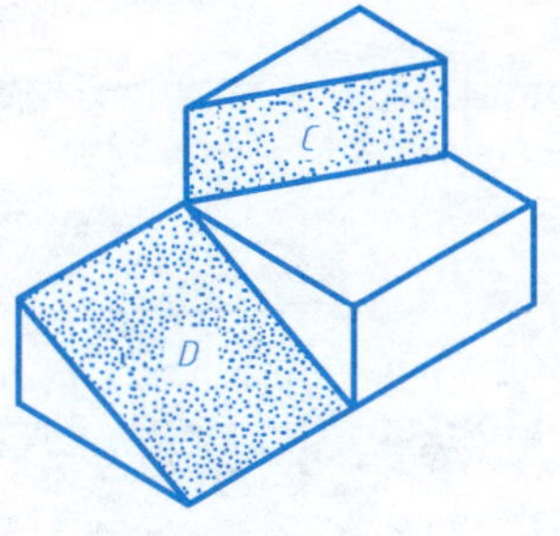

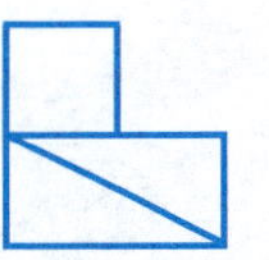

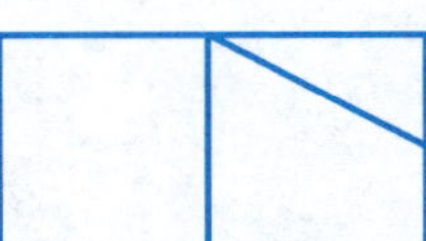

C 是 ______ 面

D 是 ______ 面

（3）

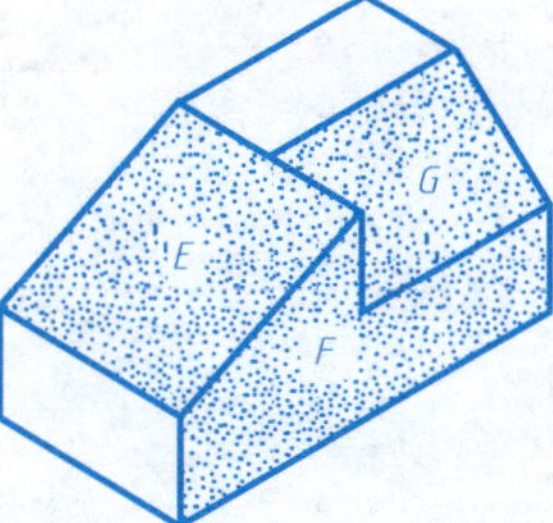

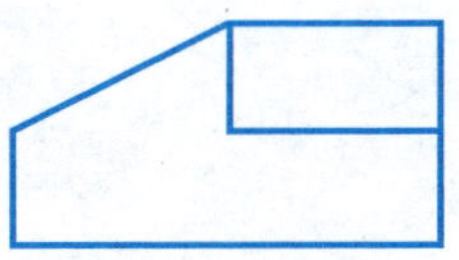

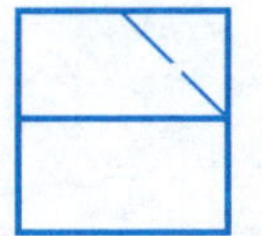

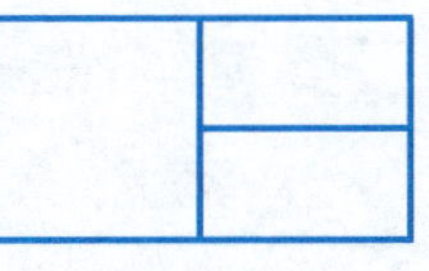

E 是 ______ 面

F 是 ______ 面

G 是 ______ 面

11. 投影基本知识（十一） 班级 姓名

平面的投影（二）

补全平面的第三投影。

（1）

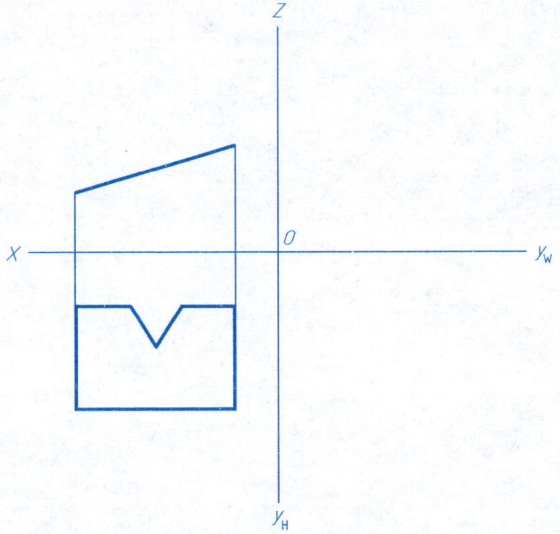

Z
X
O
Y_W
Y_H

（2）

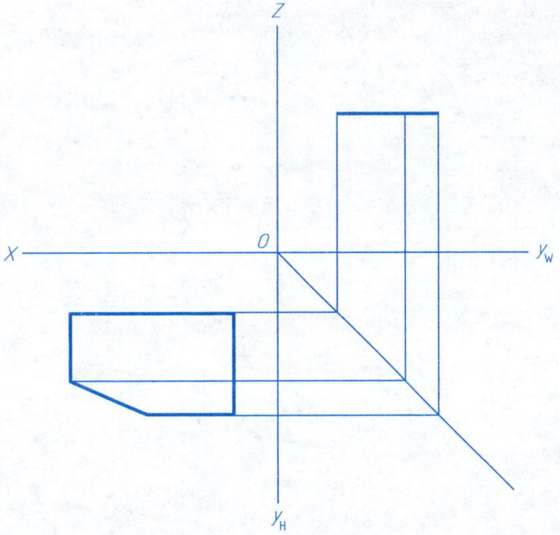

Z
X
O
Y_W
Y_H

（3）

Z
X
O
Y_W
Y_H

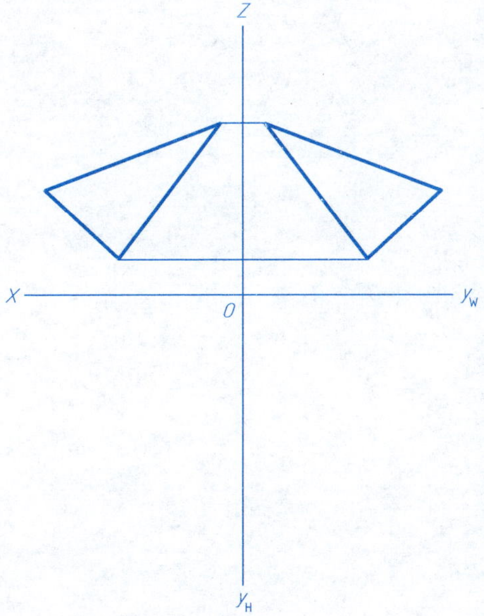

平面的投影(三)

(1)判断点是否在平面上。

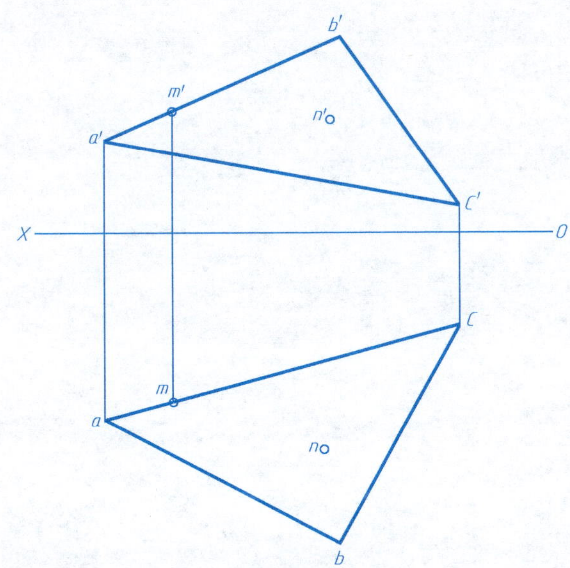

点 M ______________ 平面 ABC 上

点 N ______________ 平面 ABC 上

(2)判断直线 MN 是否在平面 ABC 上。

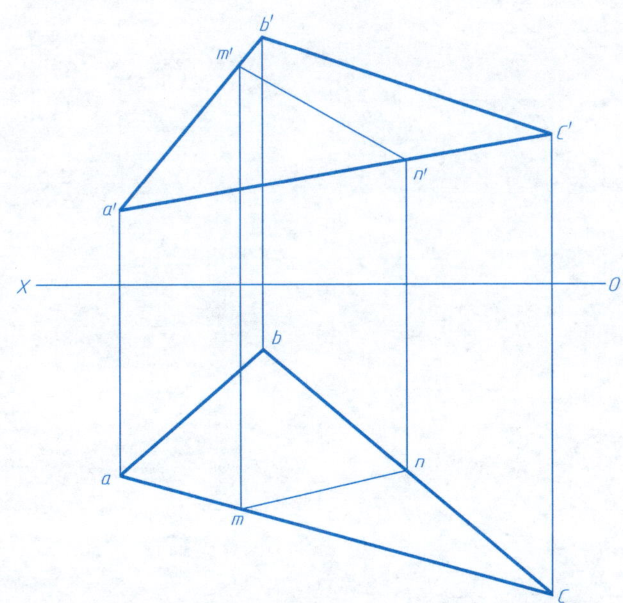

直线 MN ________________ 平面 ABC 上

项目3　立体投影

1. 平面体投影

班级　　　　　　姓名

画出立体的第三面投影图，求属于立体表面点的其余两面投影，并判断可见性。

（1）

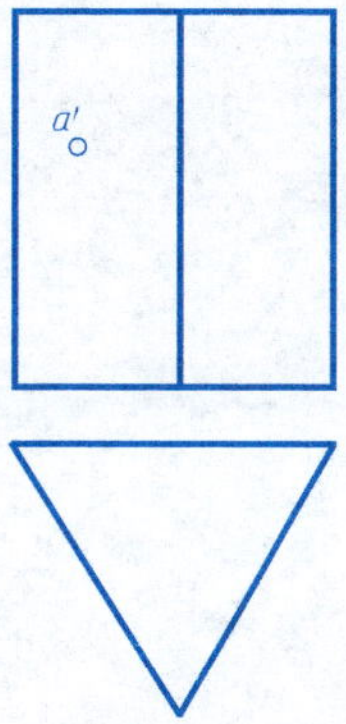

a'

（2）

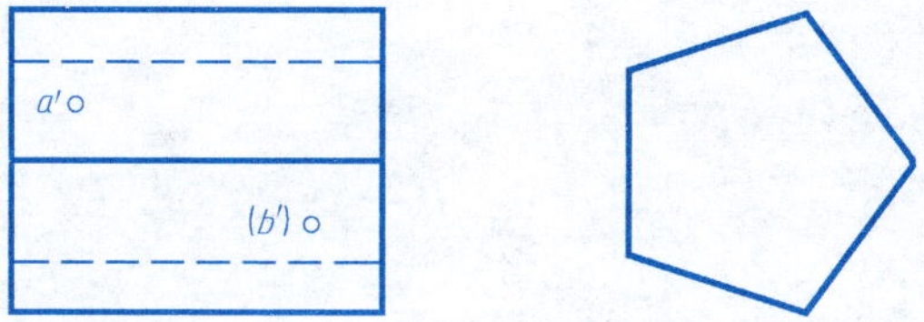

a'

(b')

（3）

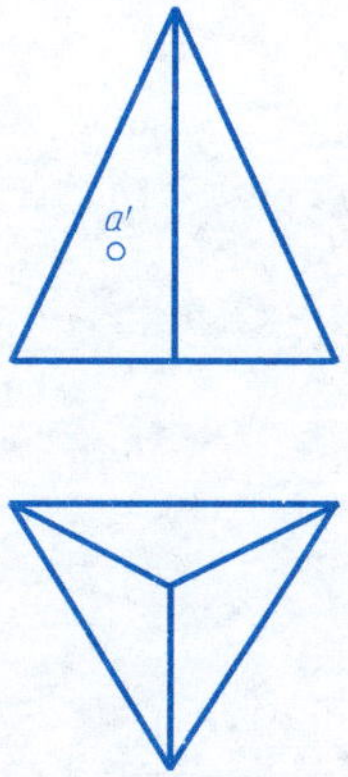

a'

（4）

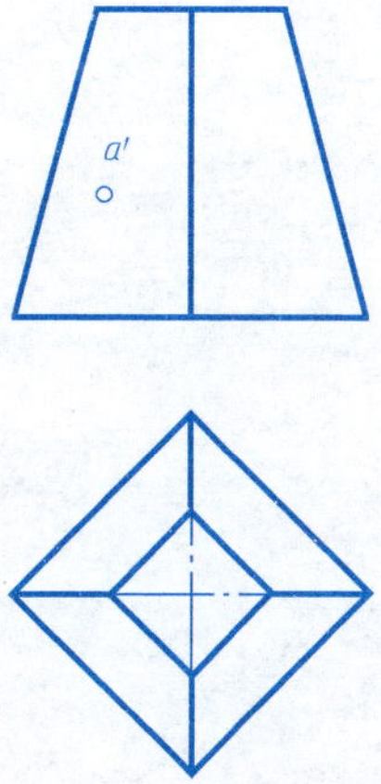

a'

2. 曲面体投影

班级　　　　　　姓名

画出立体的第三面投影图，求属于立体表面点的其余两面投影，并判断可见性。

（1）

b′

a′

c

（2）

a′

b′

（3）

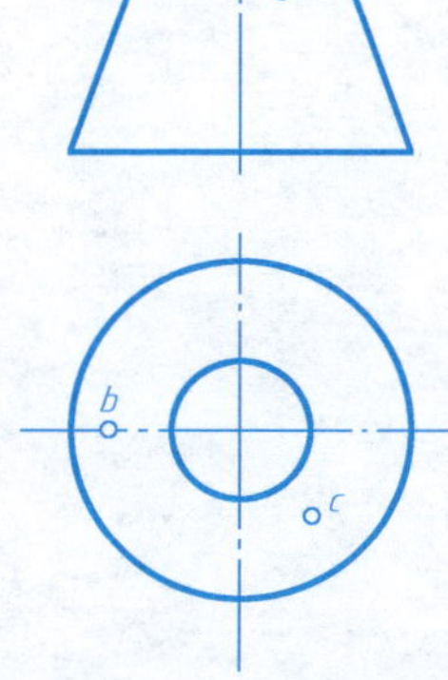

（4）

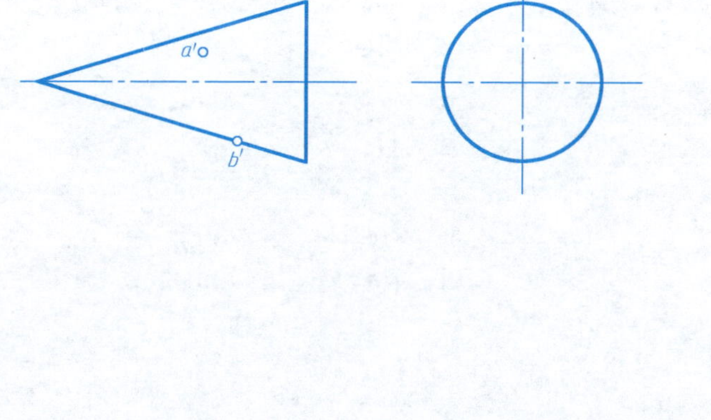

标注基本体的尺寸。

(1)

(2)

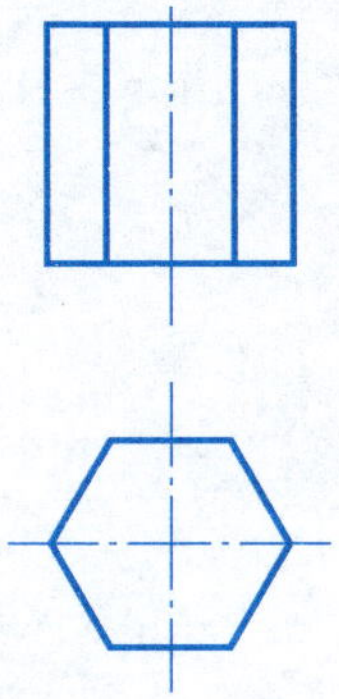

(3)

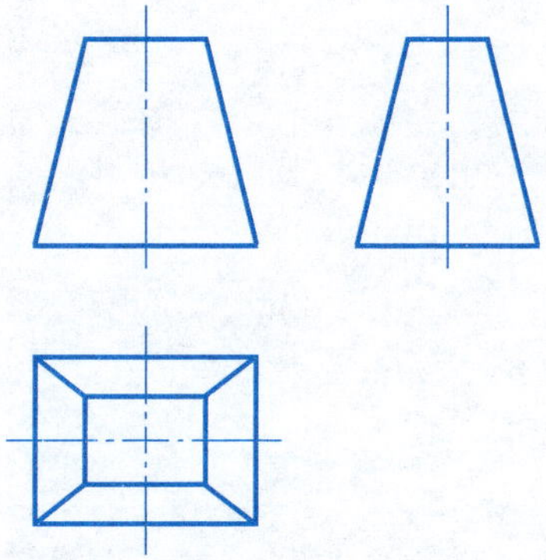

(4)

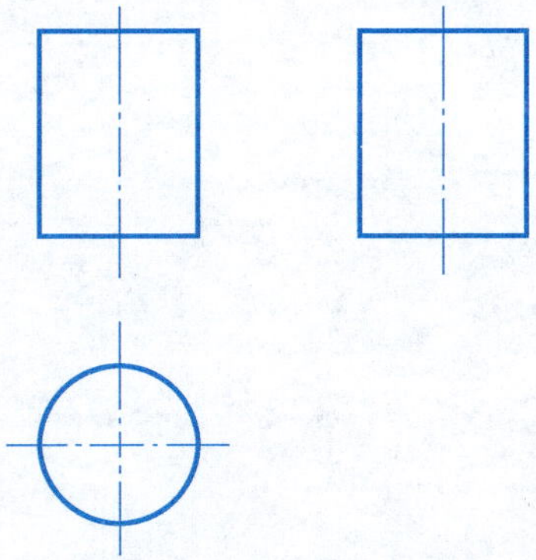

(5)

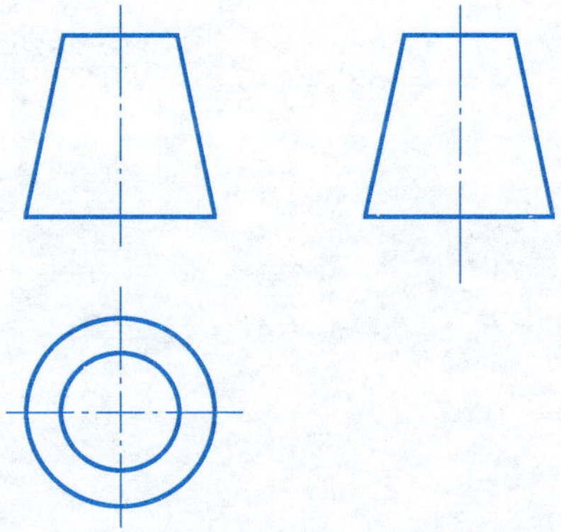

(6)

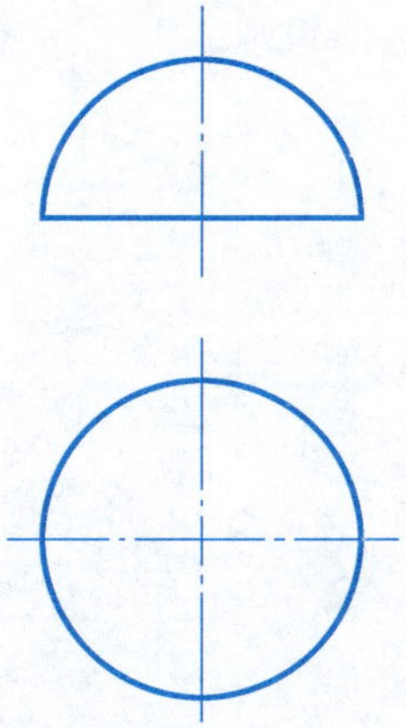

*4. 完成截切体的三面投影　　　　班级　　　　姓名

（1）

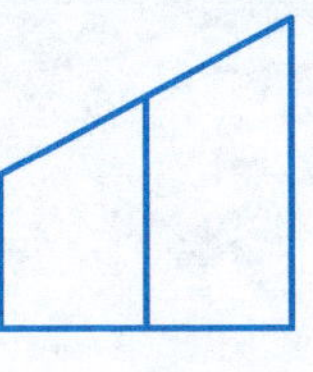

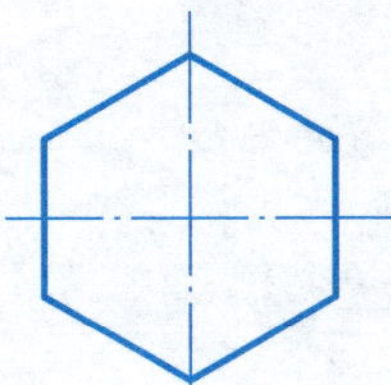

（2）

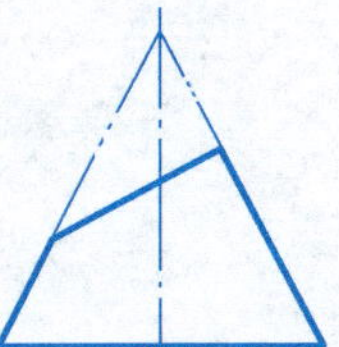

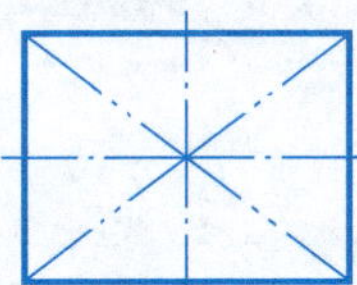

（3）

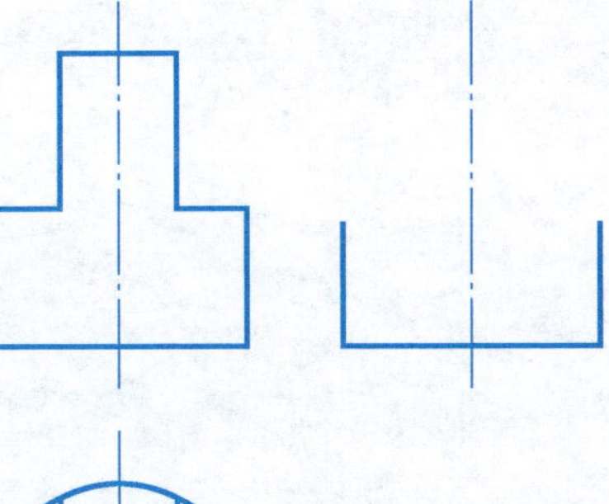

（4）

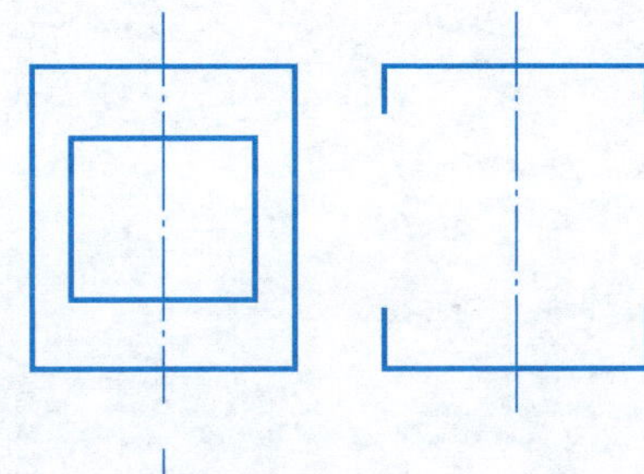

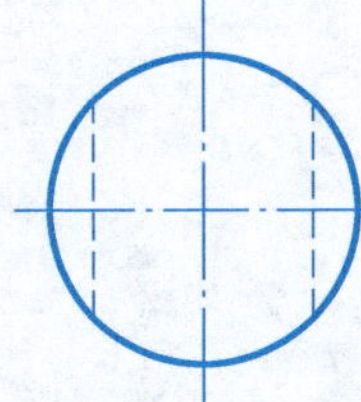

*5. 完成相贯体的三面投影　　　　　　　　　　　　　　　　　　班级　　　　　　姓名

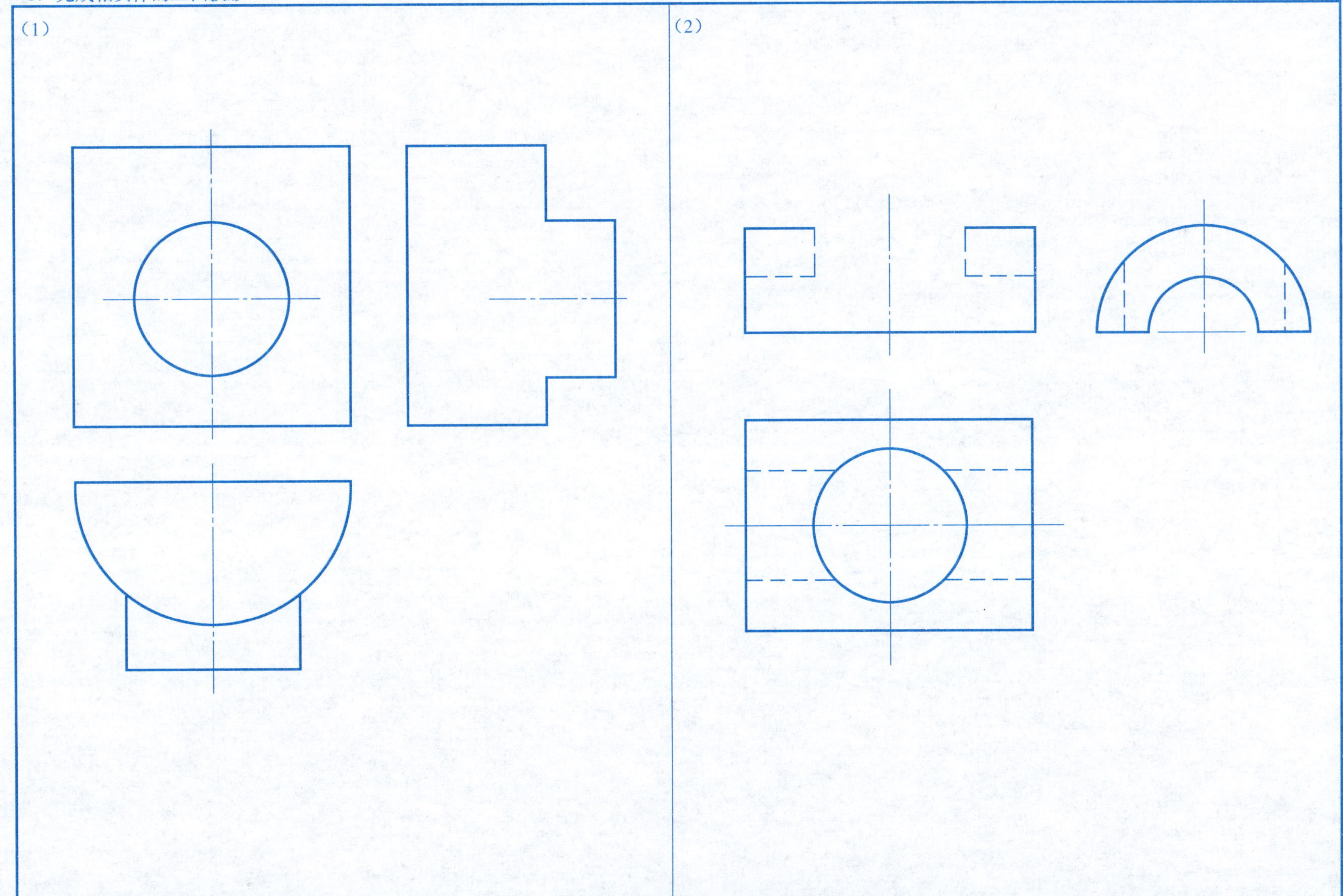

求作下列形体的第三投影，并在投影图中标出平面 P 或 R 的其余投影。

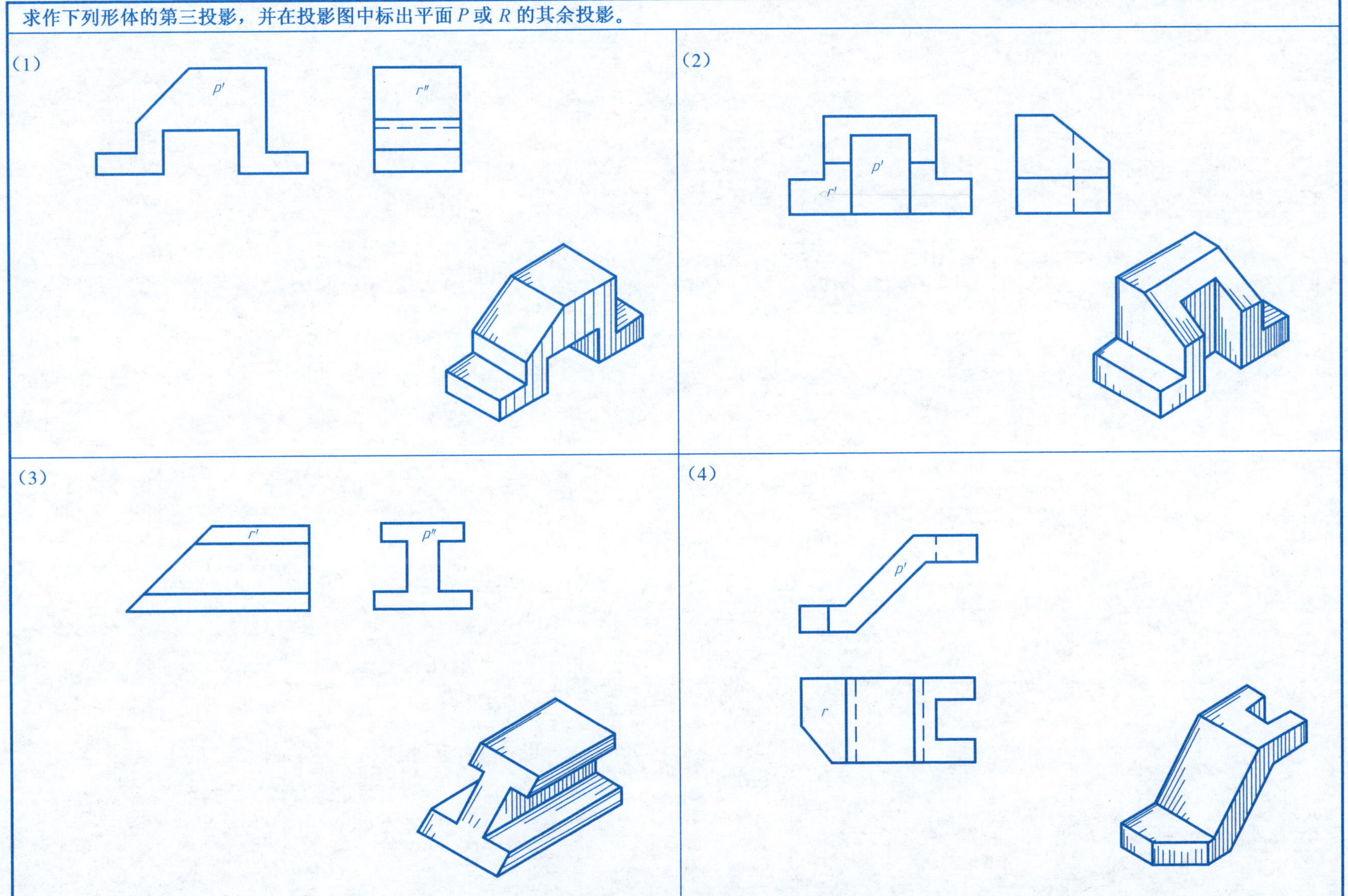

根据形体的轴测图绘出三面投影图(比例1:1)。

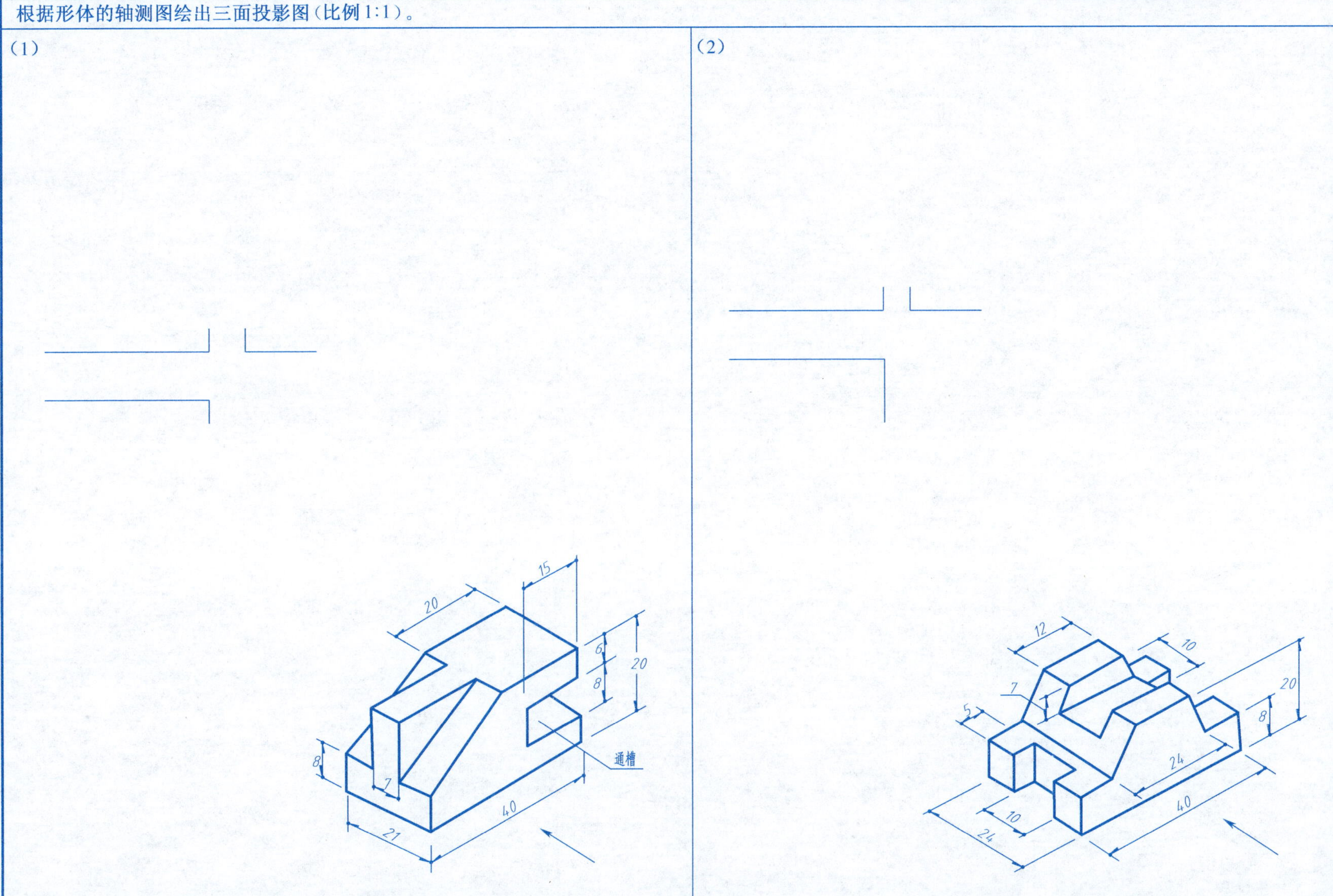

8. 组合体投影（三）　　班级　　姓名

标注下列形体的尺寸（尺寸大小从图上量取，图的比例为1∶1,取整数）。

（1）

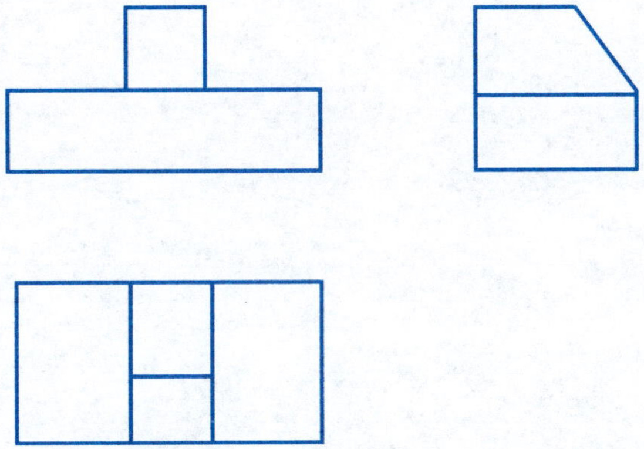

（2）

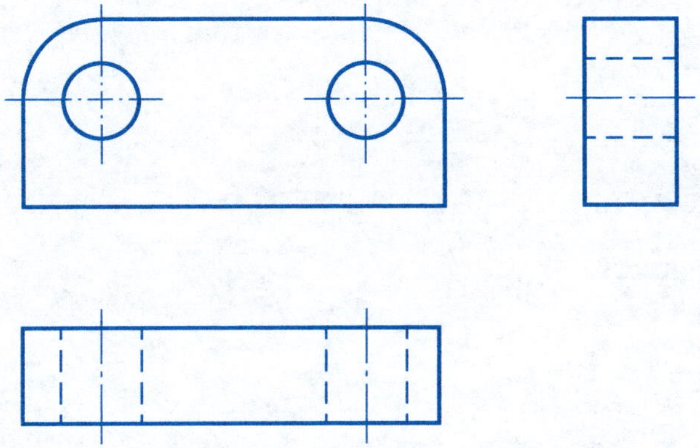

（3）

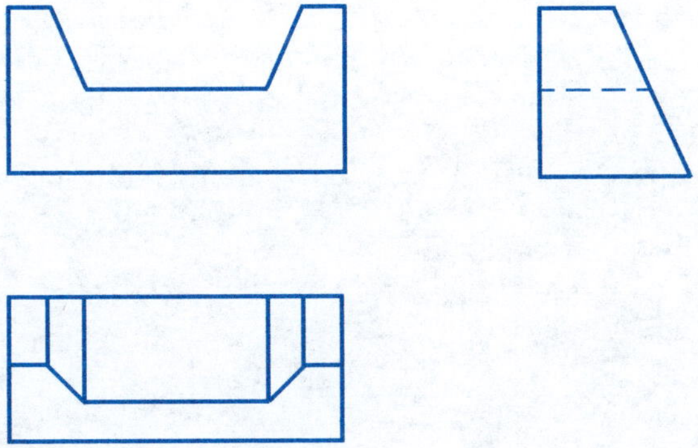

（4）

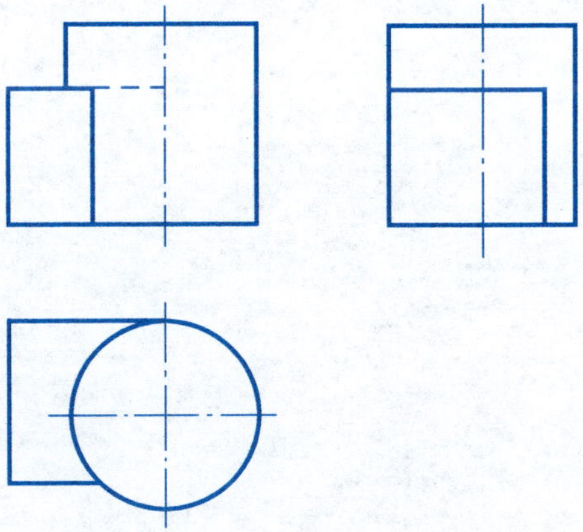

9. 组合体投影（四）　　　　班级　　　　姓名

已知组合体的两面投影图，补绘第三投影。

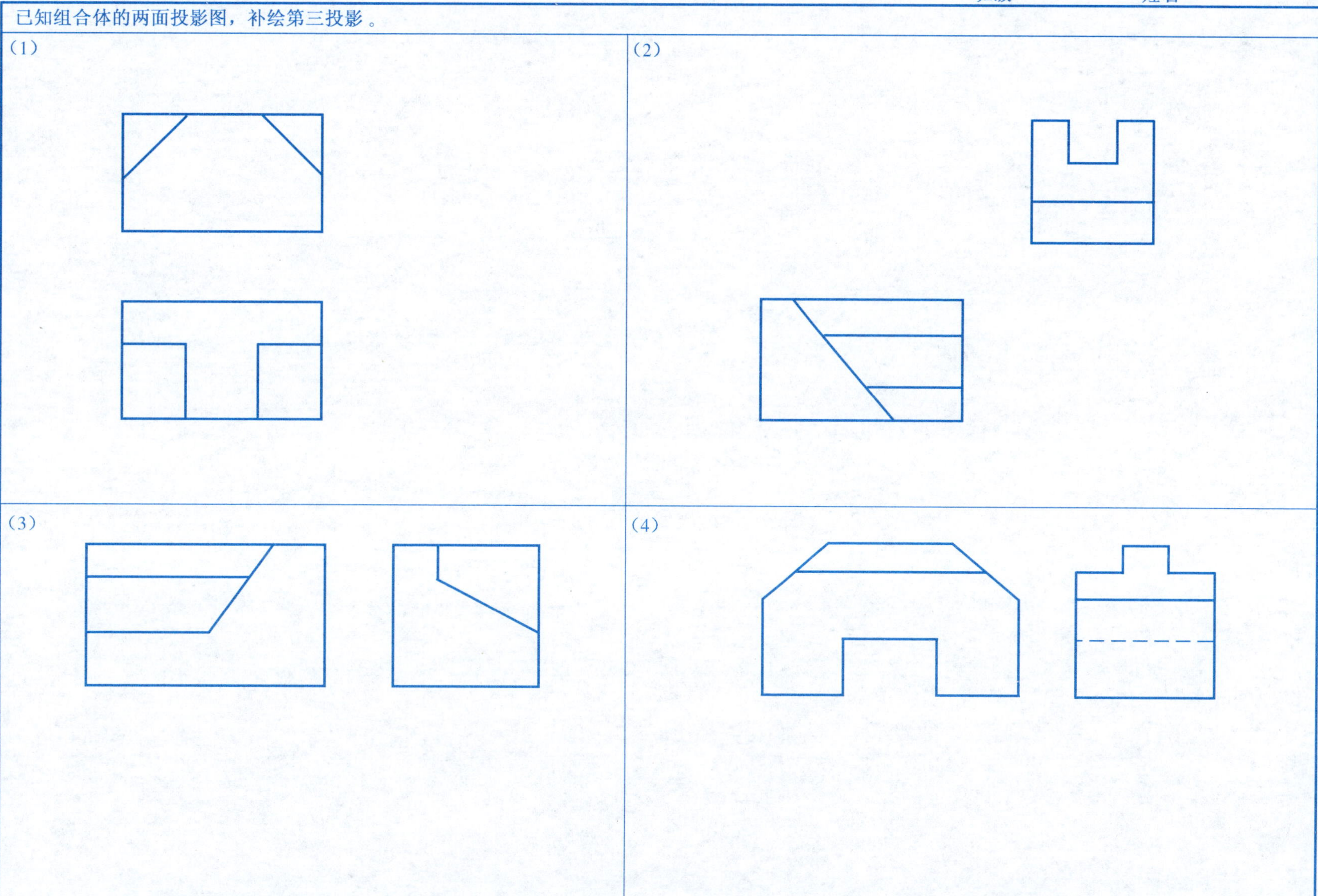

1. 轴测投影（一）　　　　班级　　　　姓名

补画形体的第三投影并作正等测图。

（1）

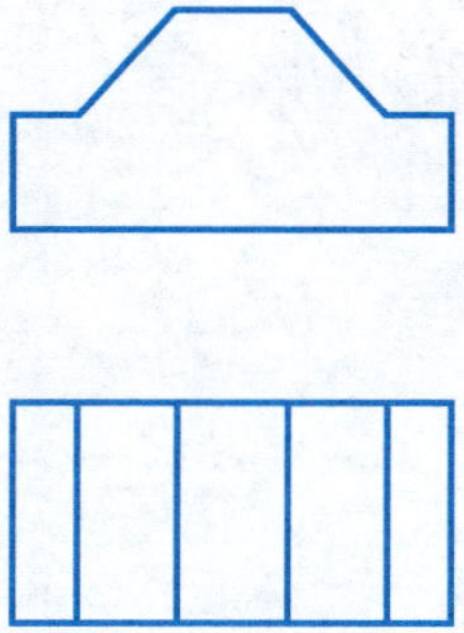

（2）

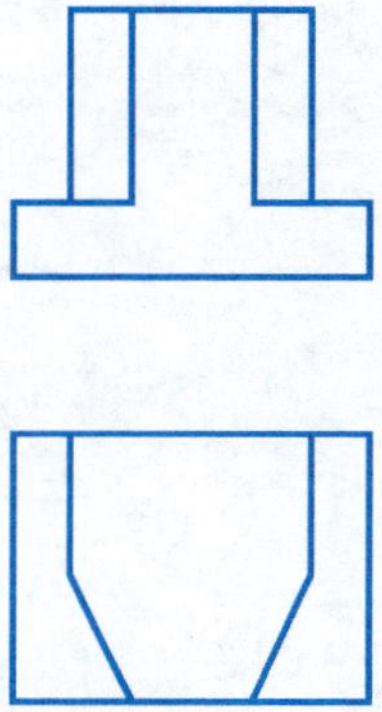

（3）

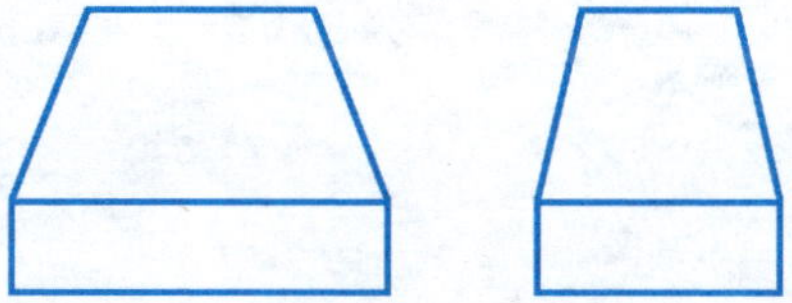

（4）

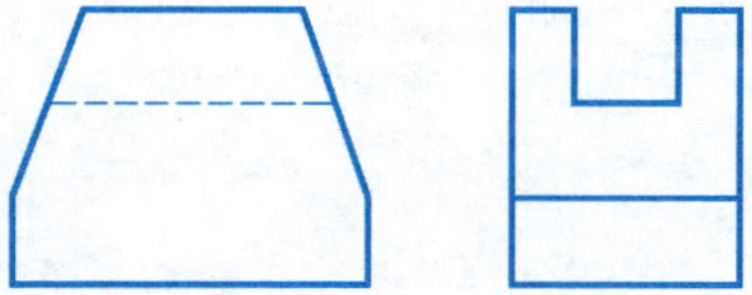

补画形体的第三投影并作斜轴测图（一）。

（1）

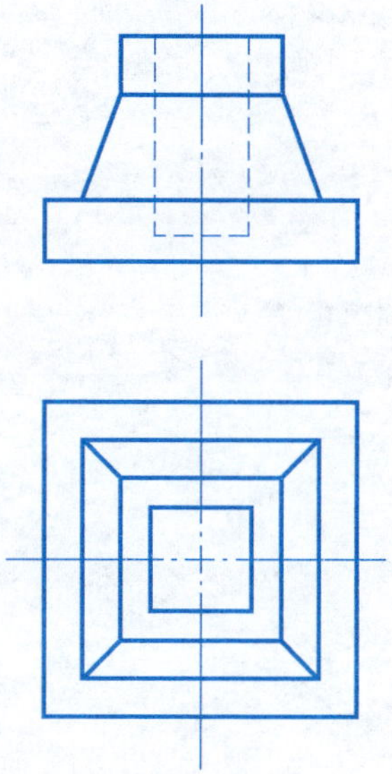

（2）

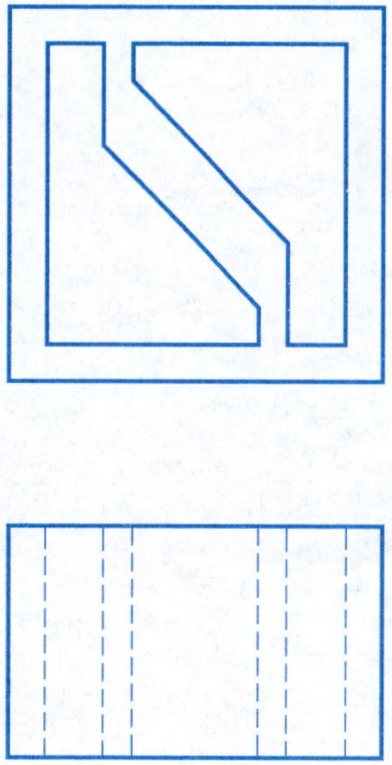

补画形体的第三投影并作斜轴测图（二）。

（1）

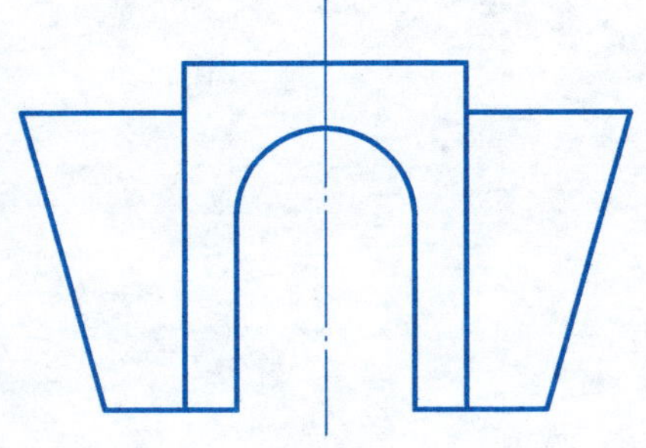

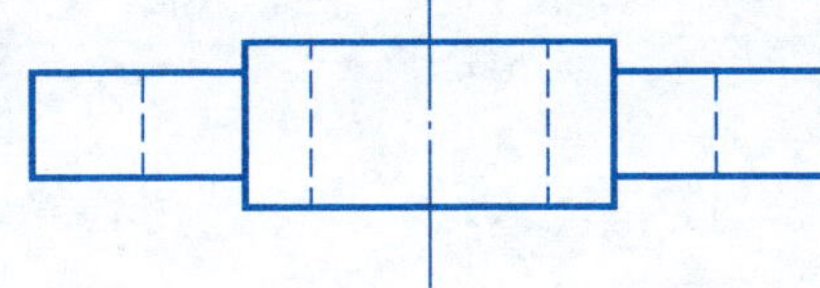

（2）

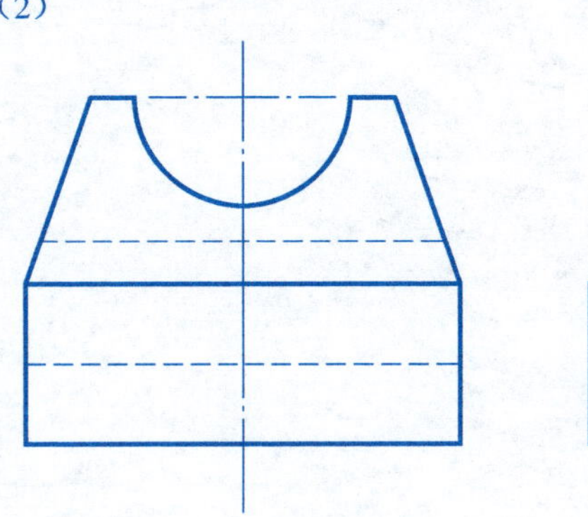

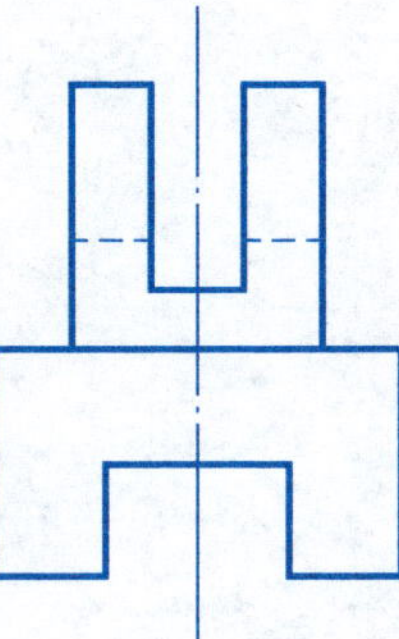

* 读懂形体并作出适当的轴测图。

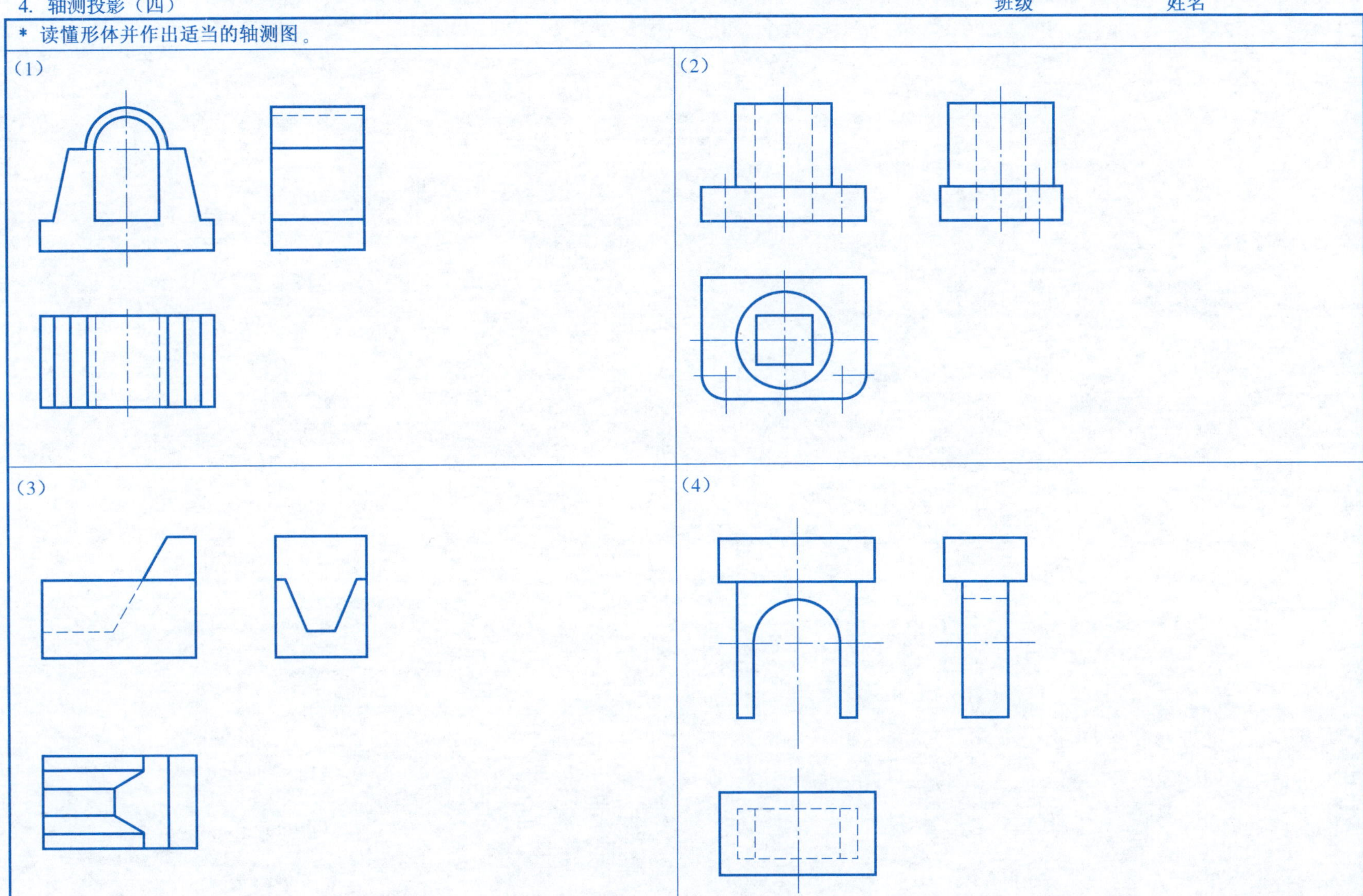

1. 六面投影图

班级　　　　　　　　姓名

已知形体的正面图、平面图与左侧面图，补画形体的其他三个基本投影图。

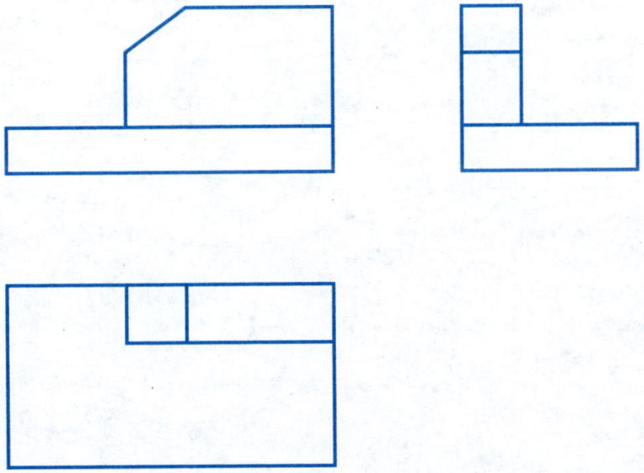

2. 剖面图改错　　　　班级　　　　姓名

补全剖面图中的漏线，并在多余的线上画“×”。

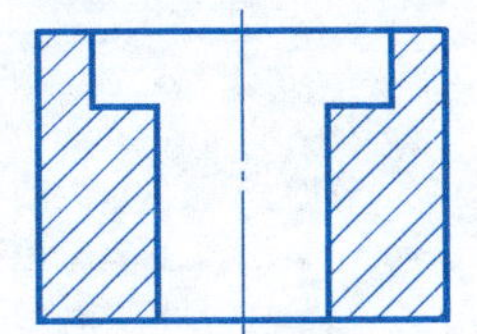
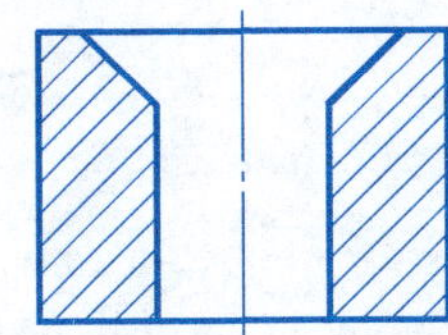
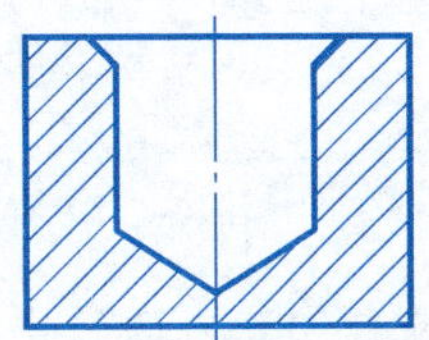
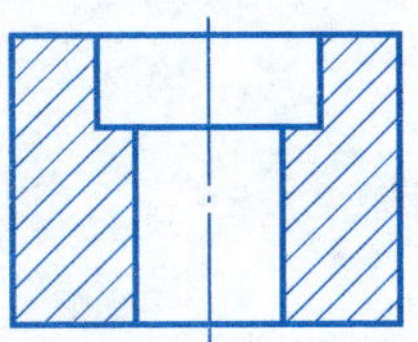
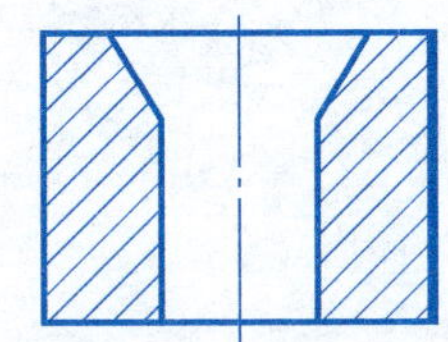
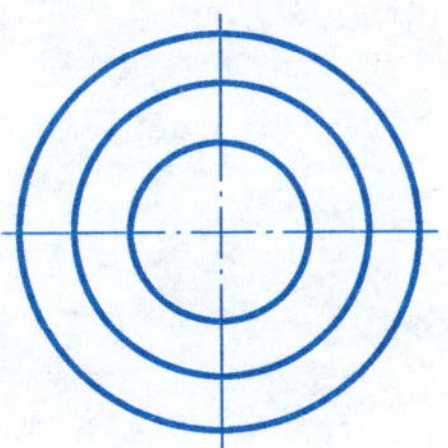
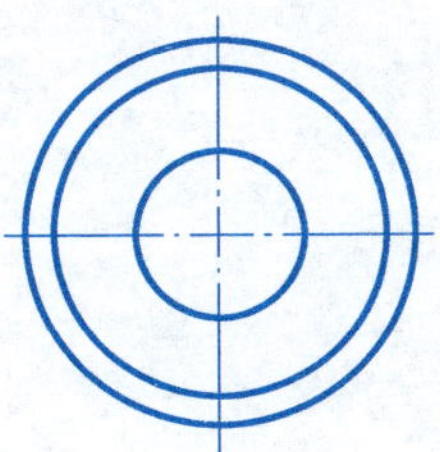
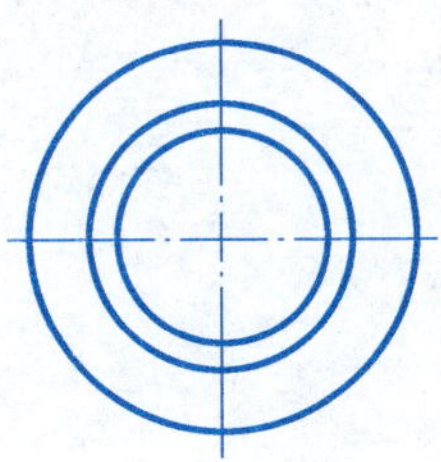
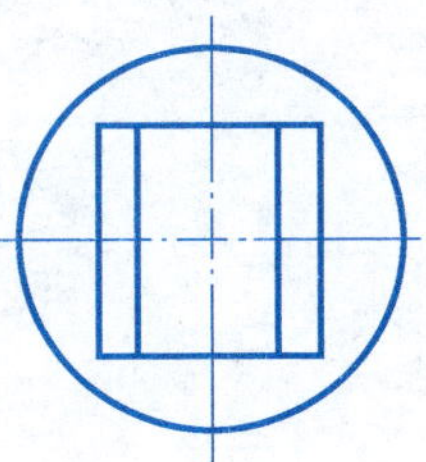
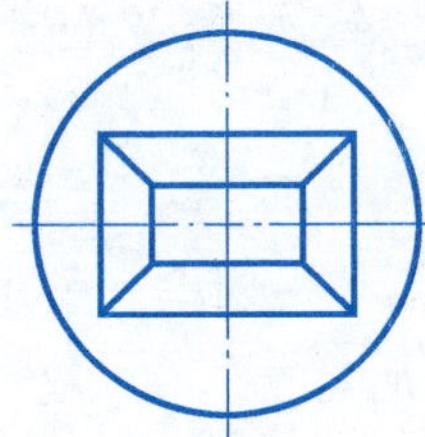
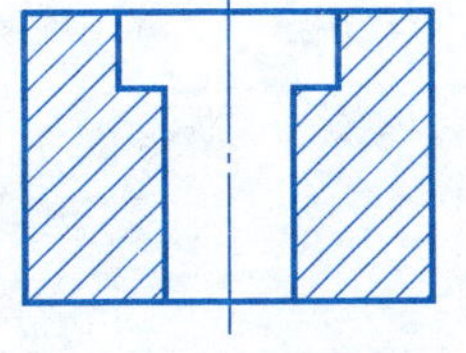
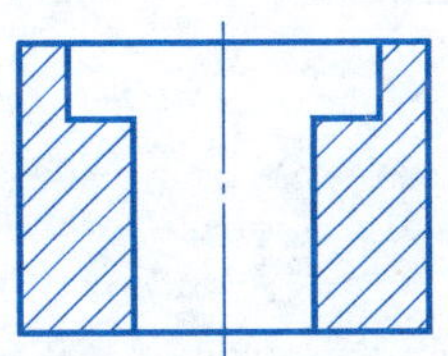
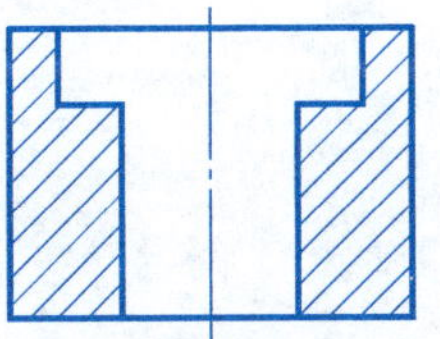
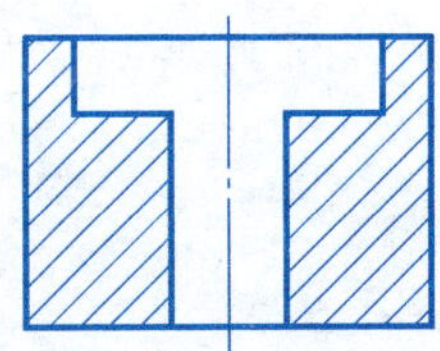
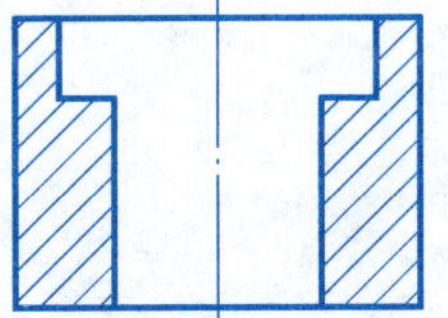
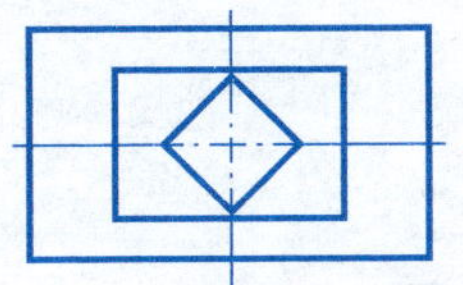

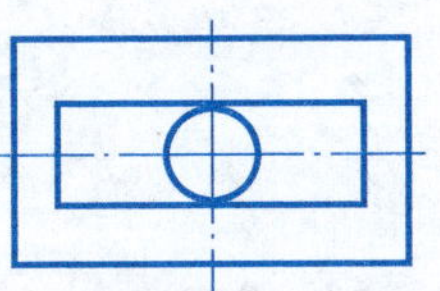
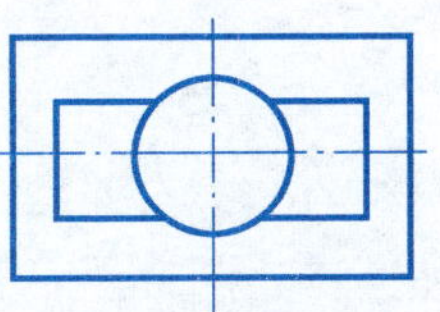
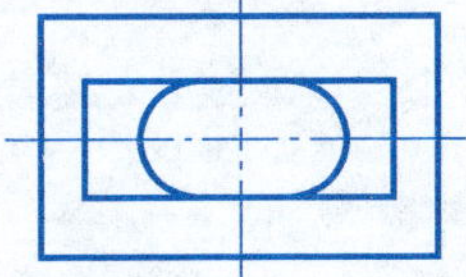

3. 画出下列形体的指定剖面图（一）　　　　班级　　　　姓名

（1）将杯形基础的正面图和左侧面图改成 1—1、2—2 剖面图（可画在上方空白处）。

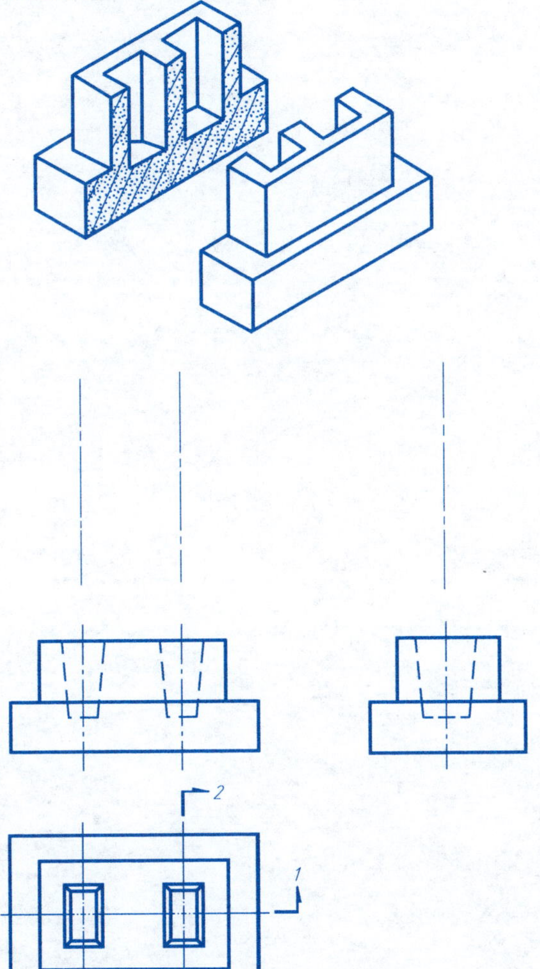

（2）将形体的正面图改成 1—1 剖面图（可画在上方空白处）。

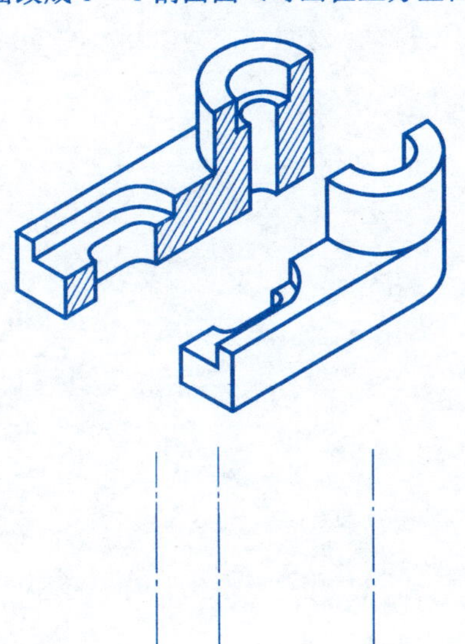

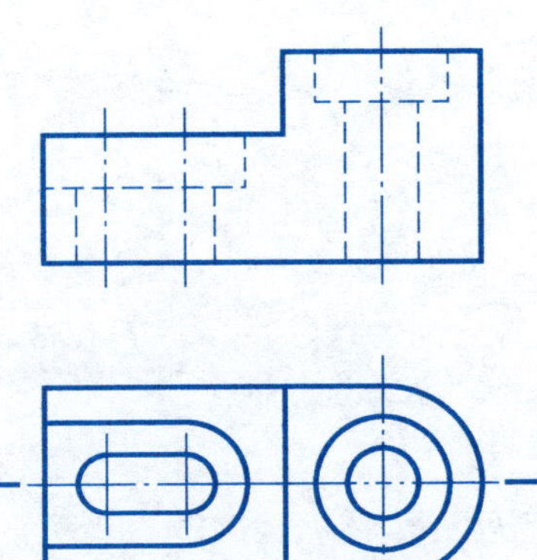

(1)求作形体的左侧面图；将正面图改成半正面及半 1—1 剖面图，将左侧面图改成 2—2 剖面图（2 个剖面图均可画在上方空白处）；在平面图和半正面及半 1—1 剖面图中标注形体的尺寸（尺寸数值按 1：1 比例由图中量取，取整数）。

半正面及半1—1剖面　　　　2—2剖面

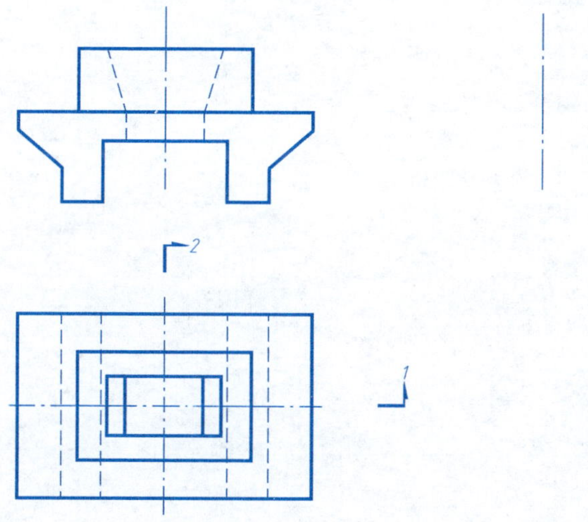

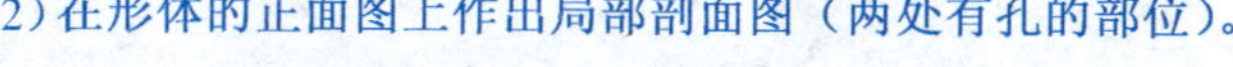

(2)在形体的正面图上作出局部剖面图（两处有孔的部位）。

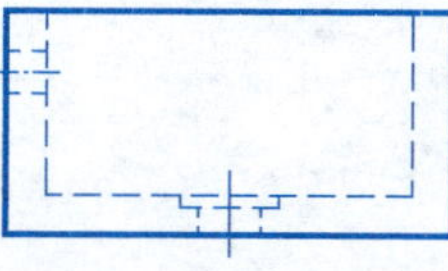

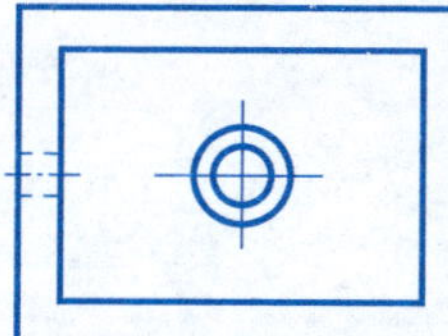

(3)将形体的正面图改成阶梯剖面图（多余的线画“×”）。

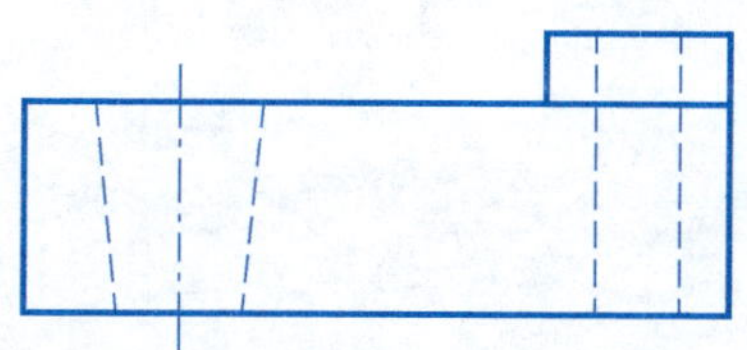

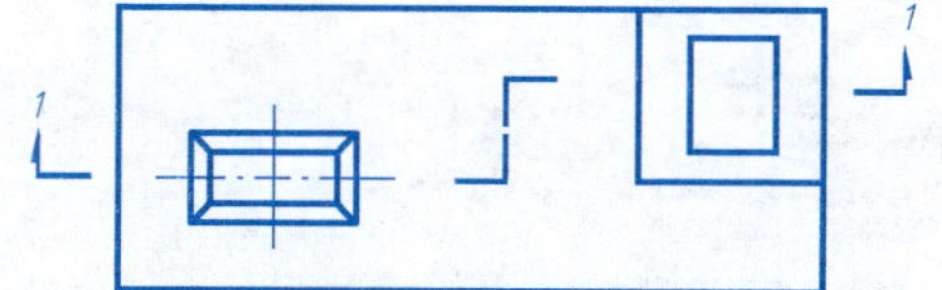

5. 画出下列构件的指定断面图（一）　　　　班级　　　　姓名

(1)作牛腿柱的 1—1、2—2、3—3 断面图。

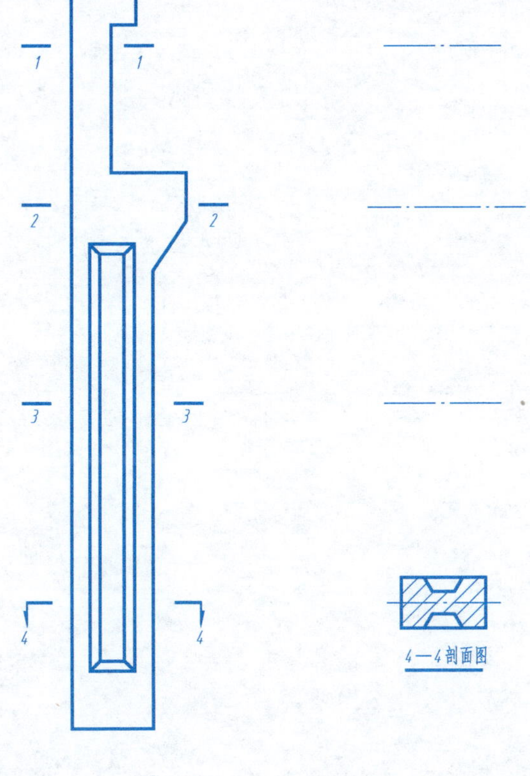

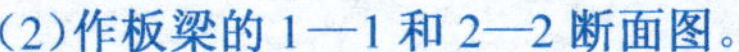
(2)作板梁的 1—1 和 2—2 断面图。

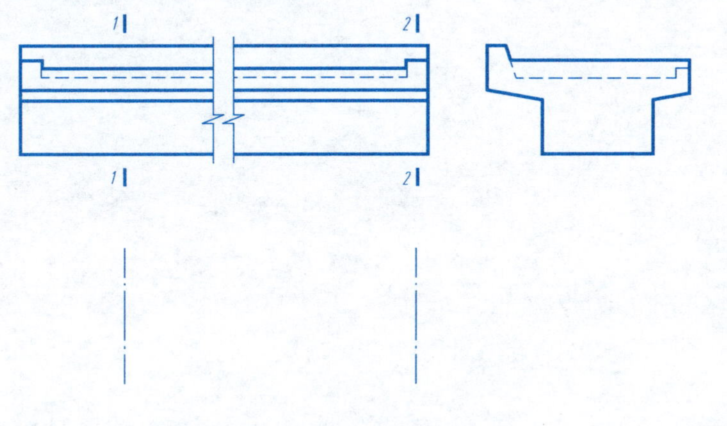

(3)作箱梁的 2—2 和 3—3 断面图。

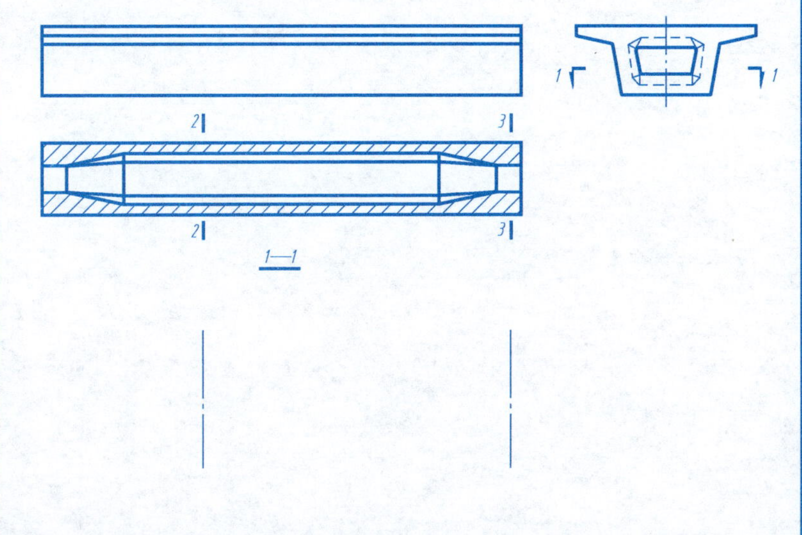

6. 画出下列构件的指定断面图（二）

班级　　　　　　　姓名

(1)作形体的 1—1、2—2、4—4 断面图。

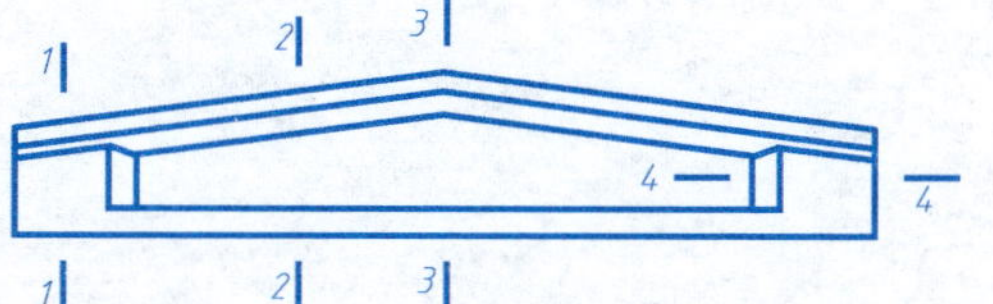

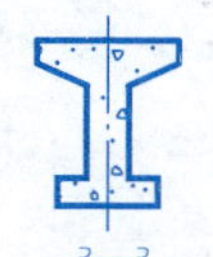

(2)已知槽钢的投影，在适当位置作出它的 1—1 移出断面及中断断面、重合断面。

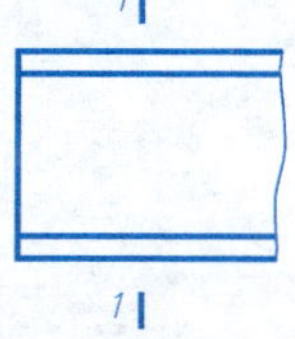

(3)作梁的 1—1、2—2、3—3 断面图和 4—4 剖面图。

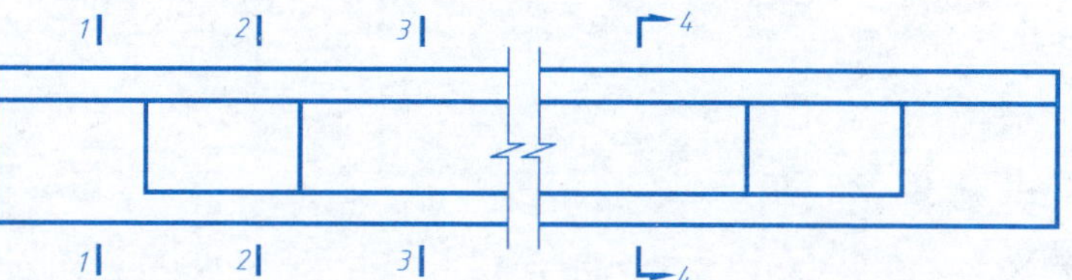

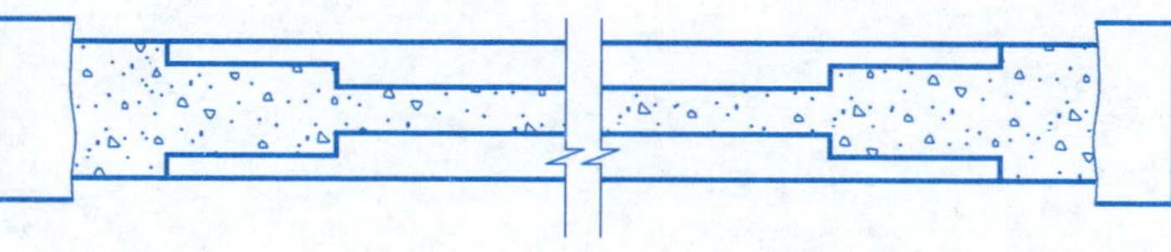

(1)用相同要素简化画法修改投影图。

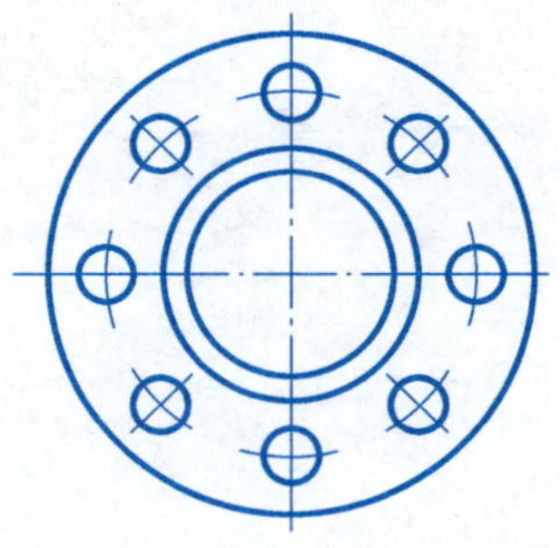

(2)用折断画法修改投影图。

(3)用对称简化画法修改投影图并标注尺寸（尺寸数值按 1:1 由图中量取，取整数）。

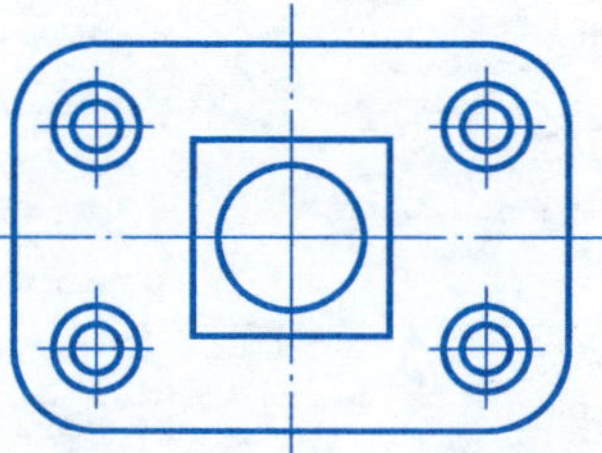

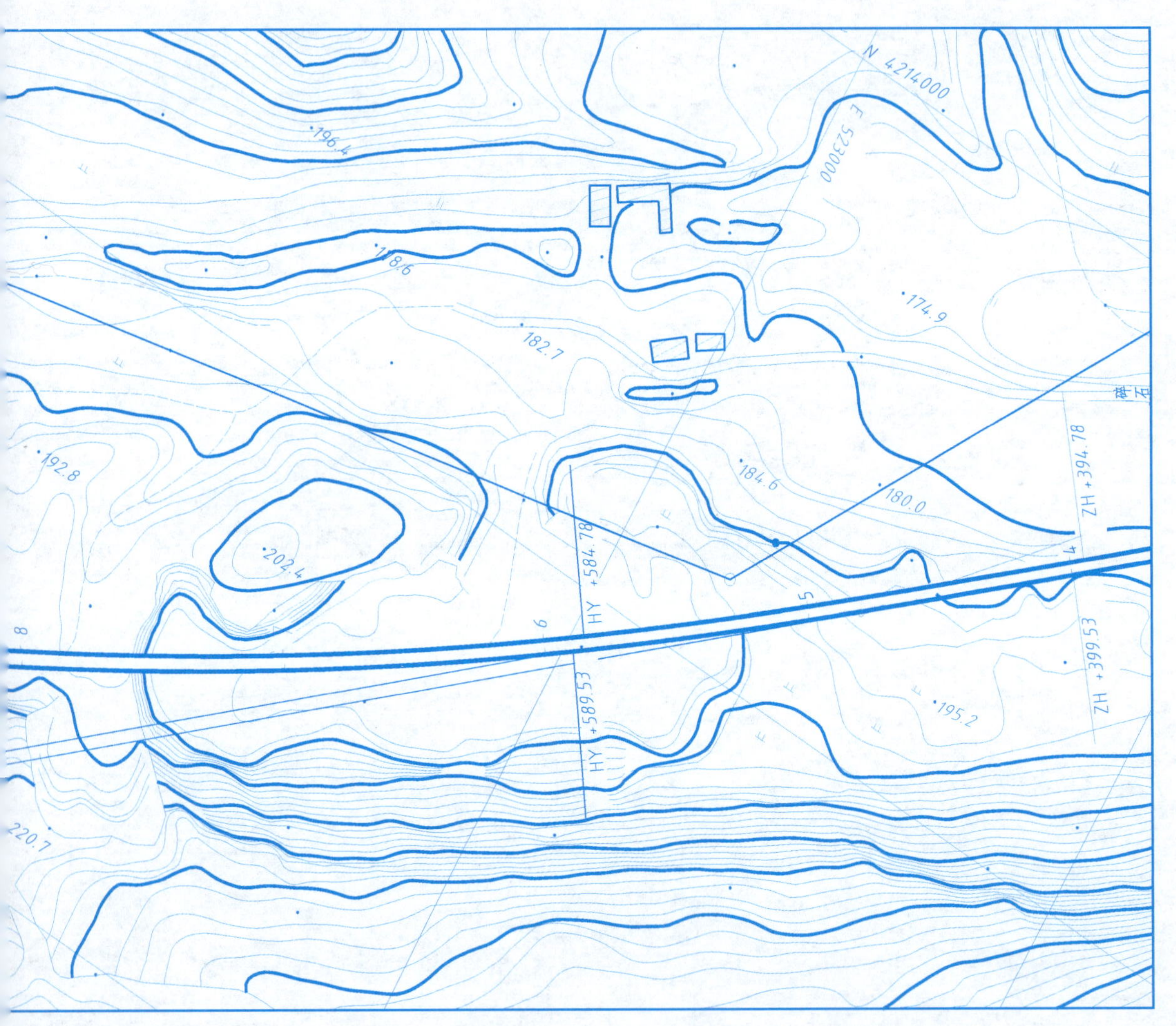

线特征值各是什么？5. 指出图中水准点的位置及其高程。6. 根据地形特点，说说该线路选线的理由。

项目6　铁路线路工程图

1.　线路平面图

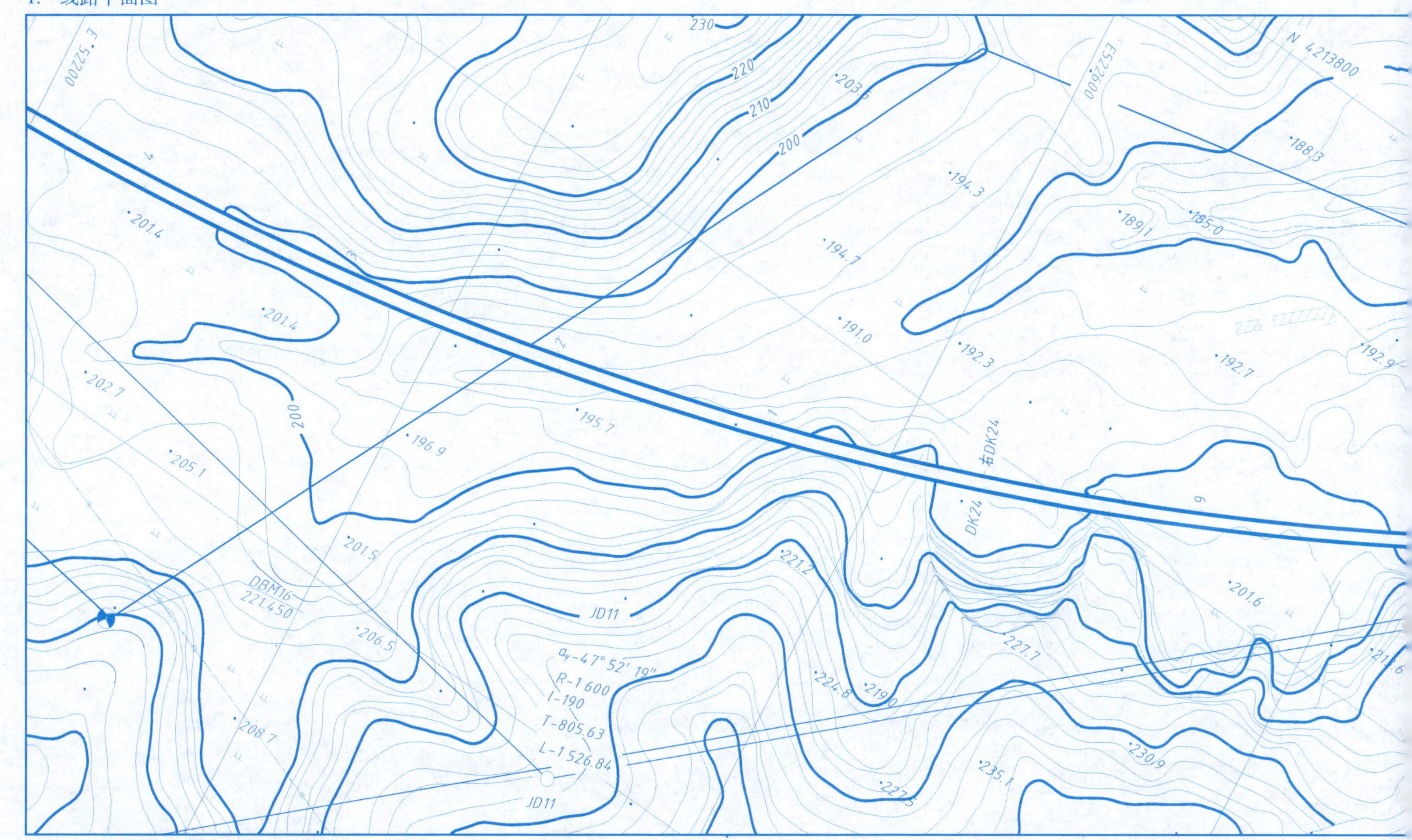

根据线路平面图回答下列问题

1. 找出线路平面图中的千米标和百米标。2. 由图中的网格线，你能说出该线路的走向吗？ 3. 说出 ZH、HY、JD 的意义，指出图中这些点的位置。 4. 右线的曲

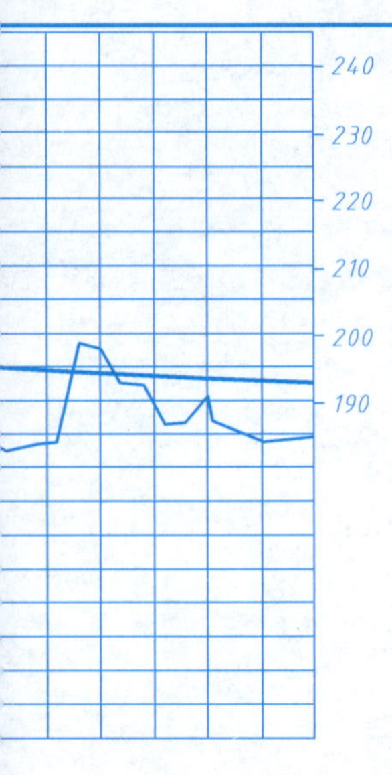

主要技术标准

铁路等级	高速铁路	
正线数目	双　线	
设计坡度(‰)	上行限坡 13.5	
	下行最大坡度 18	
最小曲线半径(m)	1600	
牵引种类	电　力	
机车类型	高速列车	动车组
	中速列车	SS9
	货　车	DJ1
到发线有效长度(m)	1050	
行车指挥方式	调度集中	

工程地质特征	
设计线间距	4.60
路肩设计高程	195.42　194.62　193.82　193.02
设计坡度	8 / 742.68
地面高程	199.03　186.82　184.18
加　桩	20.00　40.00　50.00
里　程	5　4　3
右线平面	99.53　132.22
左线平面	99.53　132.22

根据线路纵断面图回答下列问题：

1. 图中粗实线、细实线各代表什么？
2. 指出图中沿线结构物的名称、位置及类型。
3. 说出图中导线点的数量、位置、高程。
4. 分析该路段的纵向线形，各段的坡度、坡长分别是多少？需要怎样设置竖曲线？
5. 右线上第一段曲线的起止里程是多少？它的曲线要素是怎样的？

2. 线路纵断面图

1-5m板涵 +536
1-6m板涵 +168
1-4m板涵 117.5
1-4m板涵 023.5
3-25m空心板梁 -850.73
1-6m板涵 +140
1-6m板涵 +195
DBM17 在DK25+076右侧152m 227.058 下安灰厂附近
DBM16 在DK24+350左侧164m 221.450 下安村附近
湿陷性黄土
4.60
4.60
216.37 215.57 214.77 213.97 213.17 212.37 211.57 210.77 209.97 209.17 208.37 207.02 205.67 204.32 202.97 201.62 200.27 198.92 197.57 196.22
8
1500
13.5
900
223.95 203.62 212.22 227.20 208.75 205.51 213.03 234.84 221.44 205.96 199.36 192.25 195.12 203.13 203.37 200.70 186.42 183.37
14.00 40.00 20.00 3.00 77.50 58.33 20.00 75.00 60.00 80.00 60.00 40.00 40.00 30.00 40.00 60.00 40.00 40.00
6 5 4 3 2 1 DK25 9 8 7 6 5 4 3 2 1 DK24 9 8 7 6
αz-3° 11'47" R-6000
l-190 T-211.53 L-422.98
58.33
131.96
26.37
αy-64°21'55" R-1600
l-190 T-1102.48 L-1987.42
αy-19°40'23" R-1600
l-190 T-372.57 L-739.38
58.33
131.96
26.37
αy-47°52'19" R-1600
l-190 T-805.63 L-1526.84

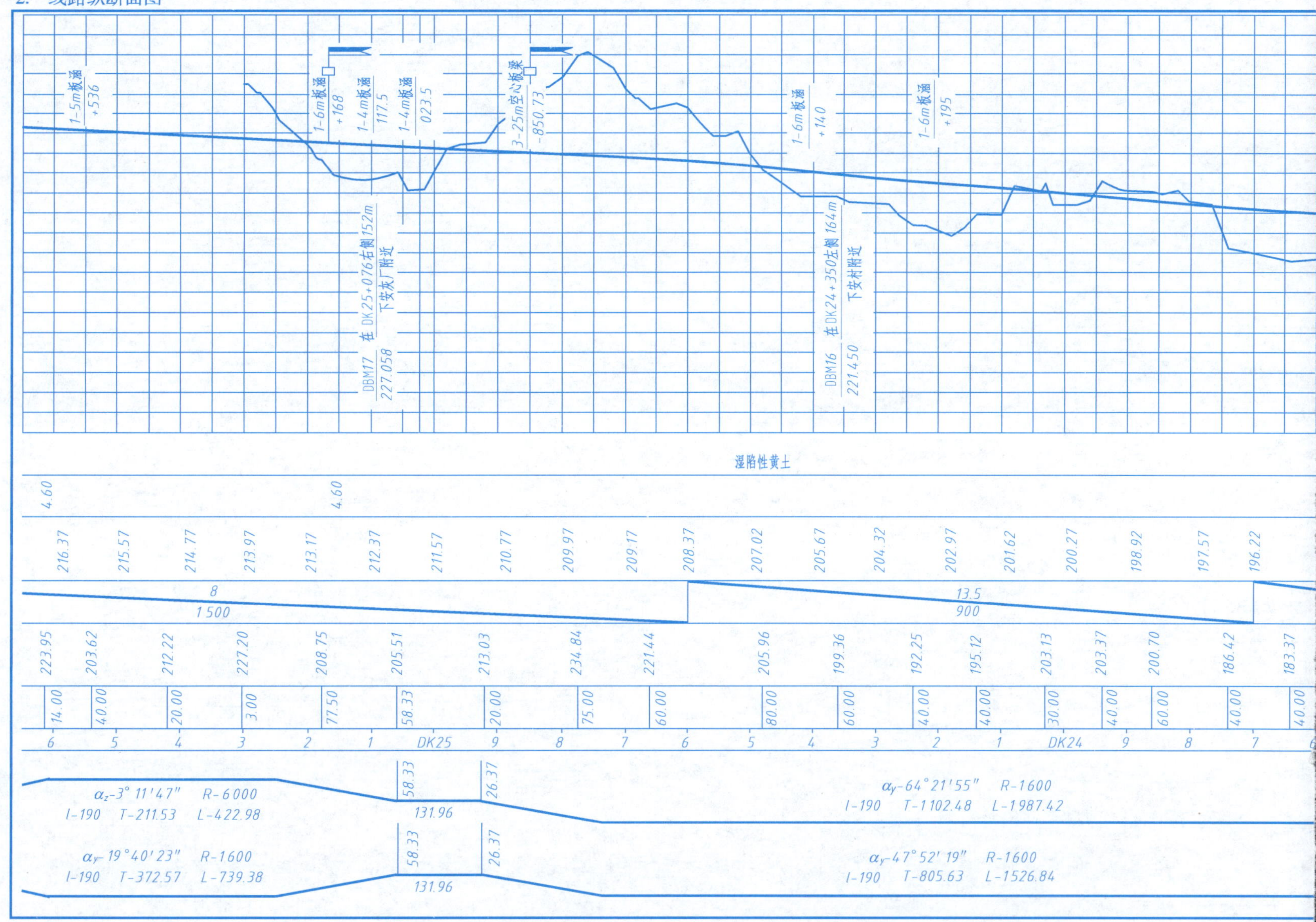

项目7 铁路桥梁工程图

1. 读T形梁的配筋图

班级　　　　姓名

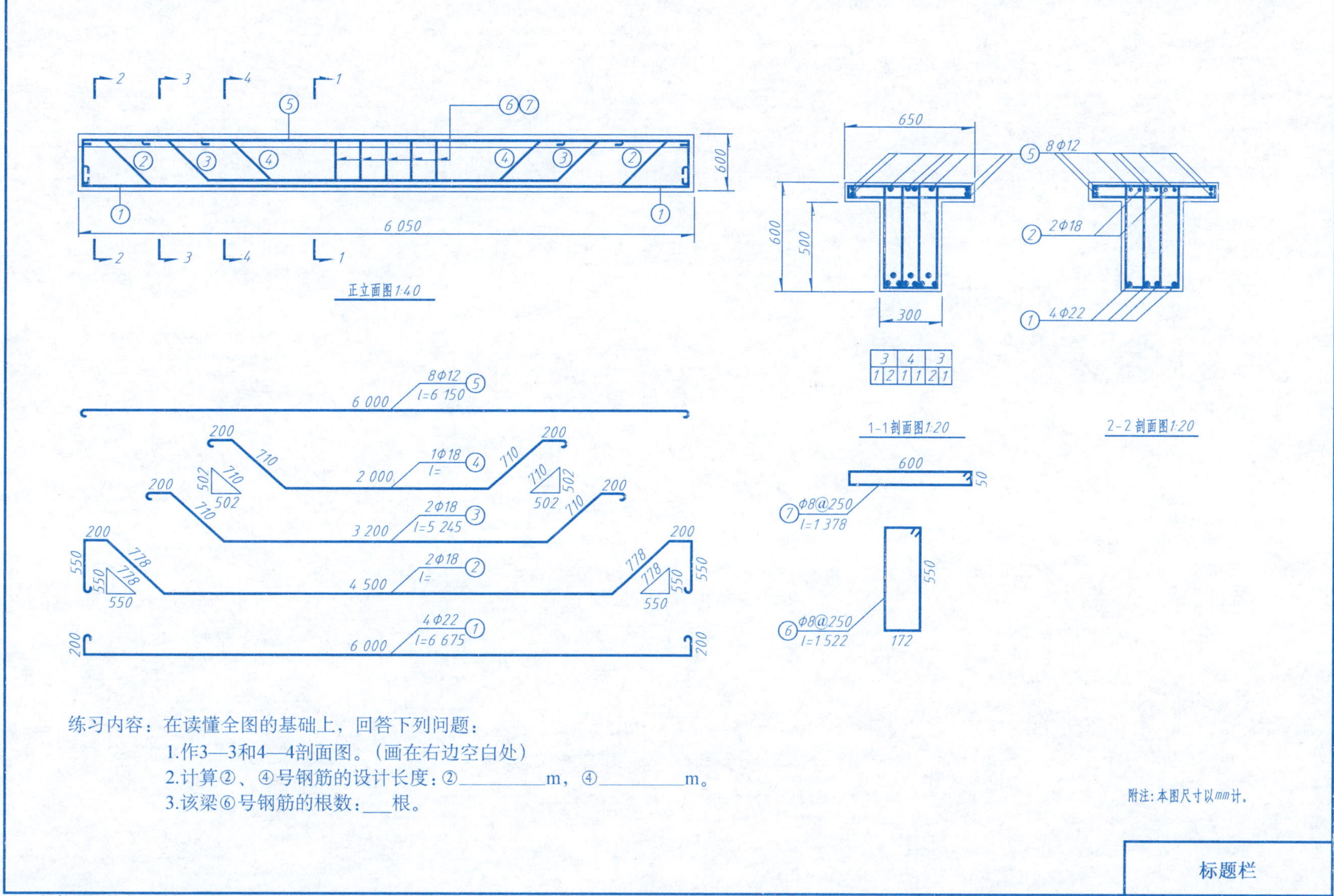

练习内容：在读懂全图的基础上，回答下列问题：

1.作3—3和4—4剖面图。（画在右边空白处）

2.计算②、④号钢筋的设计长度：②__________m，④__________m。

3.该梁⑥号钢筋的根数：___根。

附注：本图尺寸以mm计。

标题栏

注：钢筋设计长度为钢筋逐段成型尺寸之和加两端弯钩长度。

(1) 本图为单线直线预应力混凝土梁有砟轨道桥面布置图。请问：①单线铁路桥面宽（　　）m；②桥面两侧设人行道，人行道宽表示符号为（　）；③梁梗中心距为（　　）；④道砟坡度为（　　）；⑤T梁顶面坡度为（　　）。

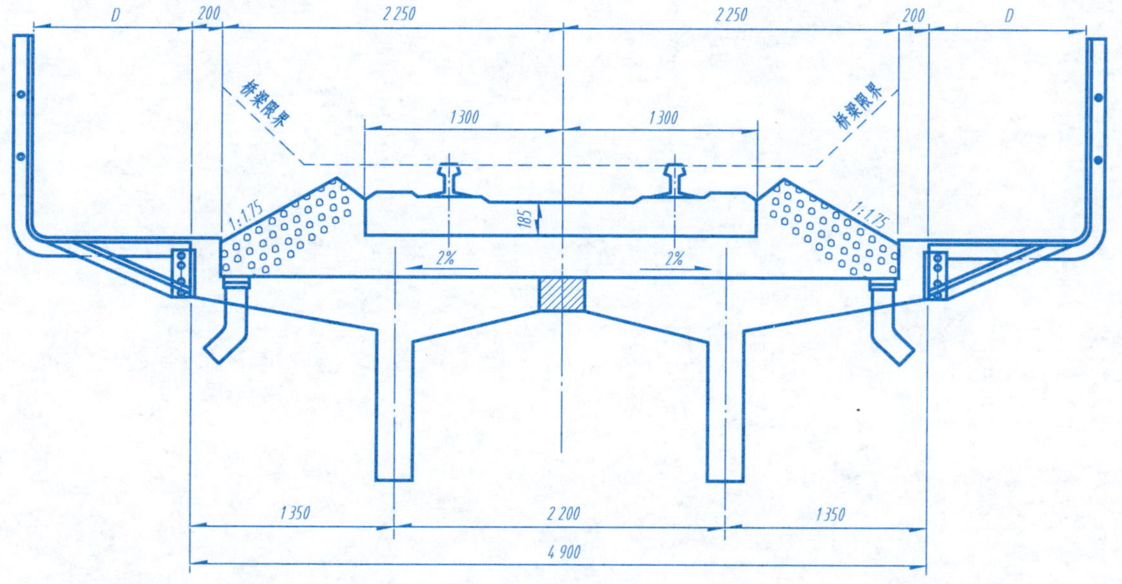

单线直线上梁桥面布置图

附注：本图尺寸以mm计。

（2）本图为 T 梁内的预应力筋束布置图。

请问：①每片梁中布置预应力钢绞线（　　）束，编号为（　　　　　　）；

②$N2$ 钢筋长（　　　　）mm，$N2$ 钢筋束由（　　）根钢绞线组成，每根钢绞线由（　　）根直径（　　）mm 的钢丝组成；

③梁底宽（　　　　）mm。

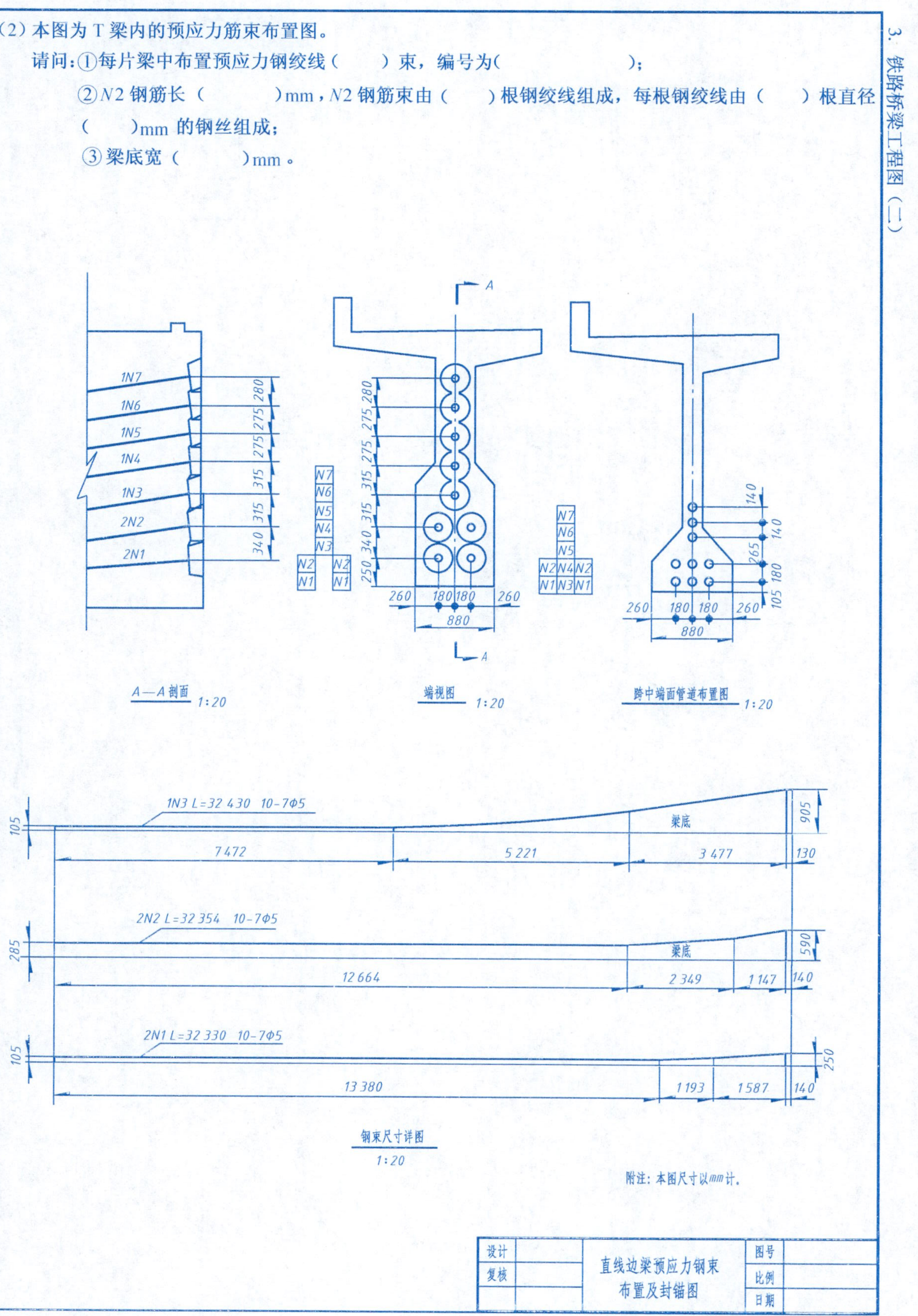

本图为 32.0 m T 梁单侧人行道支架构造图，完成以下填空：

①桥面两侧设人行道，人行道宽为（　　　）mm。

②每块 A 型步板中受力钢筋的直径为（　　）mm，长度为（　　　）mm，编号为（　　），根数为（　　）根，混凝土用量为（　　　）m^3；分布钢筋的直径为（　　）mm，长度为（　　　）mm，编号为（　　），根数为（　　）根。

③每孔梁共用（　　）块 A 型人行道步板，（　　）块 B 型人行道步板。

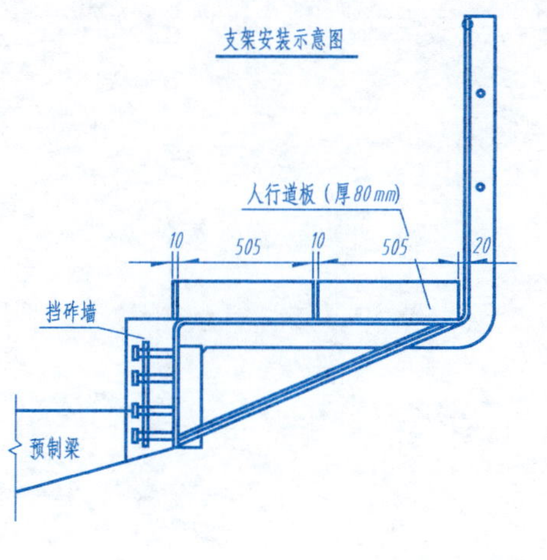

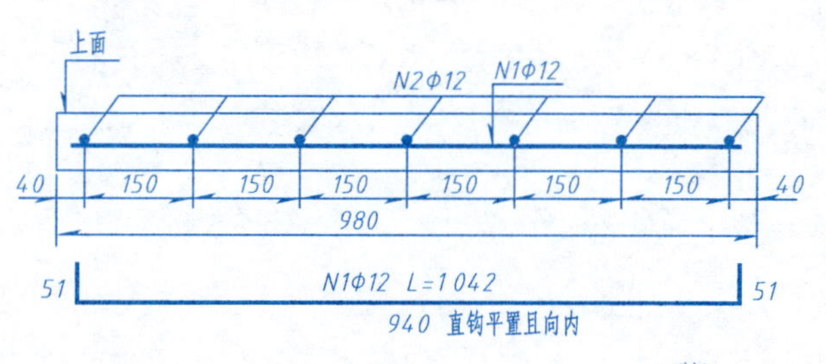

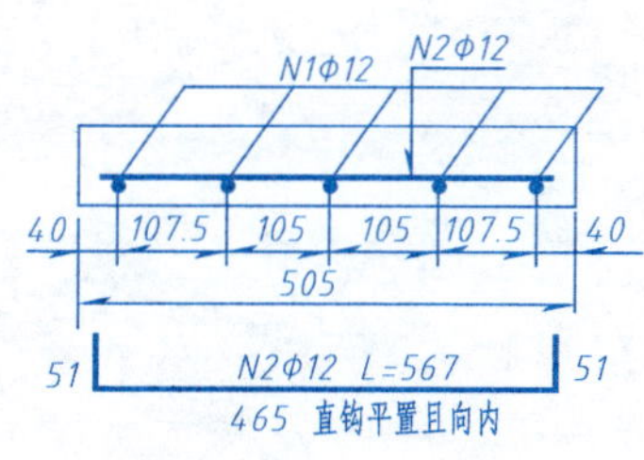

A 型板

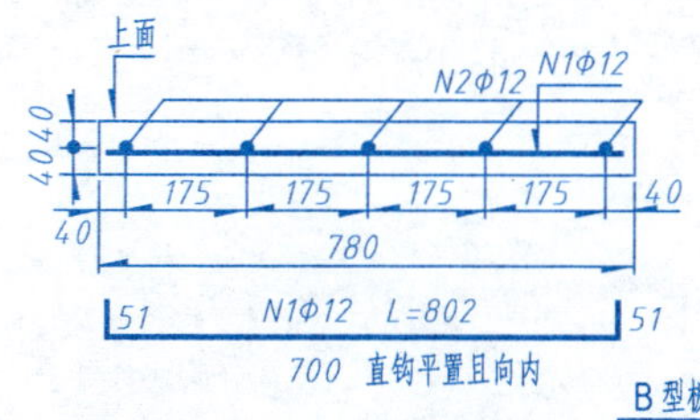

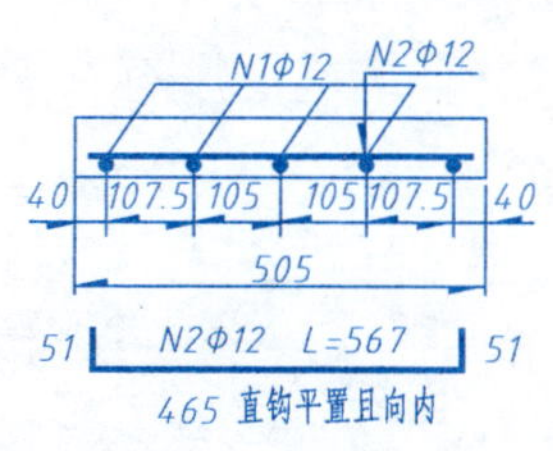

B 型板

梁跨中心

A	A	A	A	A	A	A	A	A	A	A	A	A	A	A	B	A
A	A	A	A	A	A	A	A	A	A	A	A	A	A	A	B	A
980/2	980	980	980	980	980	980	980	980	980	980	980	980	980	980	780	980

20　20　20　20　20　20　20　20　20　20　20　20　20　20　20　20

32 600/2

人行道步板沿梁长方向布置示意图

附注：本图尺寸以mm计。

设计		人行道支架、 人行道步板布置及构造图	图号	
复核			日期	

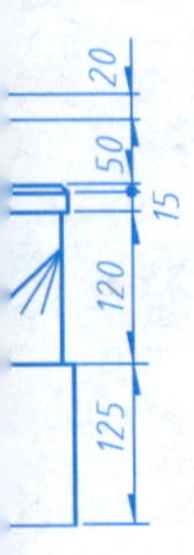

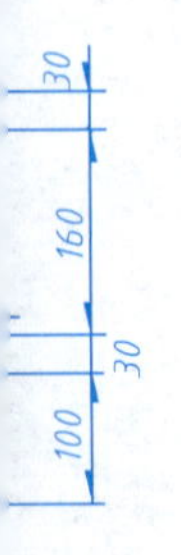

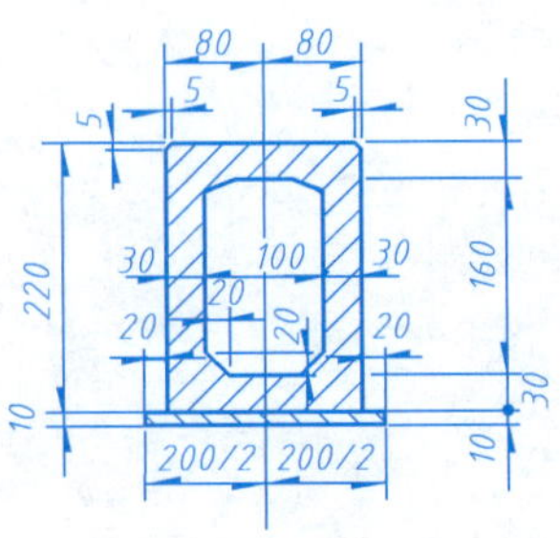

II—II截面

…cm计。
…地质情况、线路标高及出入口标高。
…夯实。
…理。

…铁路上海至南京城际轨道交通施工图 …58+031.00钢筋混凝土框架箱涵	图号	
	比例	1：100
	日期	
	第 1 张	共 1 张

根据涵洞工程图答问题：

1. 涵洞（端墙与端墙间距离）全长是多少
2. 洞身有几节？每节的长度分别是多少？沉降缝有多宽？
3. 洞内的净高、净跨分别为多少？
4. 洞口是什么形式的？
5. 洞身部分的基础厚度有什么变化？
6. 涵洞上方的路基多宽？边坡是多少？

项目8　铁路涵洞工程图

出口
涵洞中心纵断面
上海方向
涵洞半平面一半基顶截面
左侧洞口正面
I—I截面
附注:
1.本图尺寸除标高、里程以m计外，余
2.本涵施工前应核对涵洞位置、地形、
3.涵洞两侧应对称分层回填级配碎石并
4.本涵出入口铺砌应按实际地形进行处
设计
复核
专业设计负责人

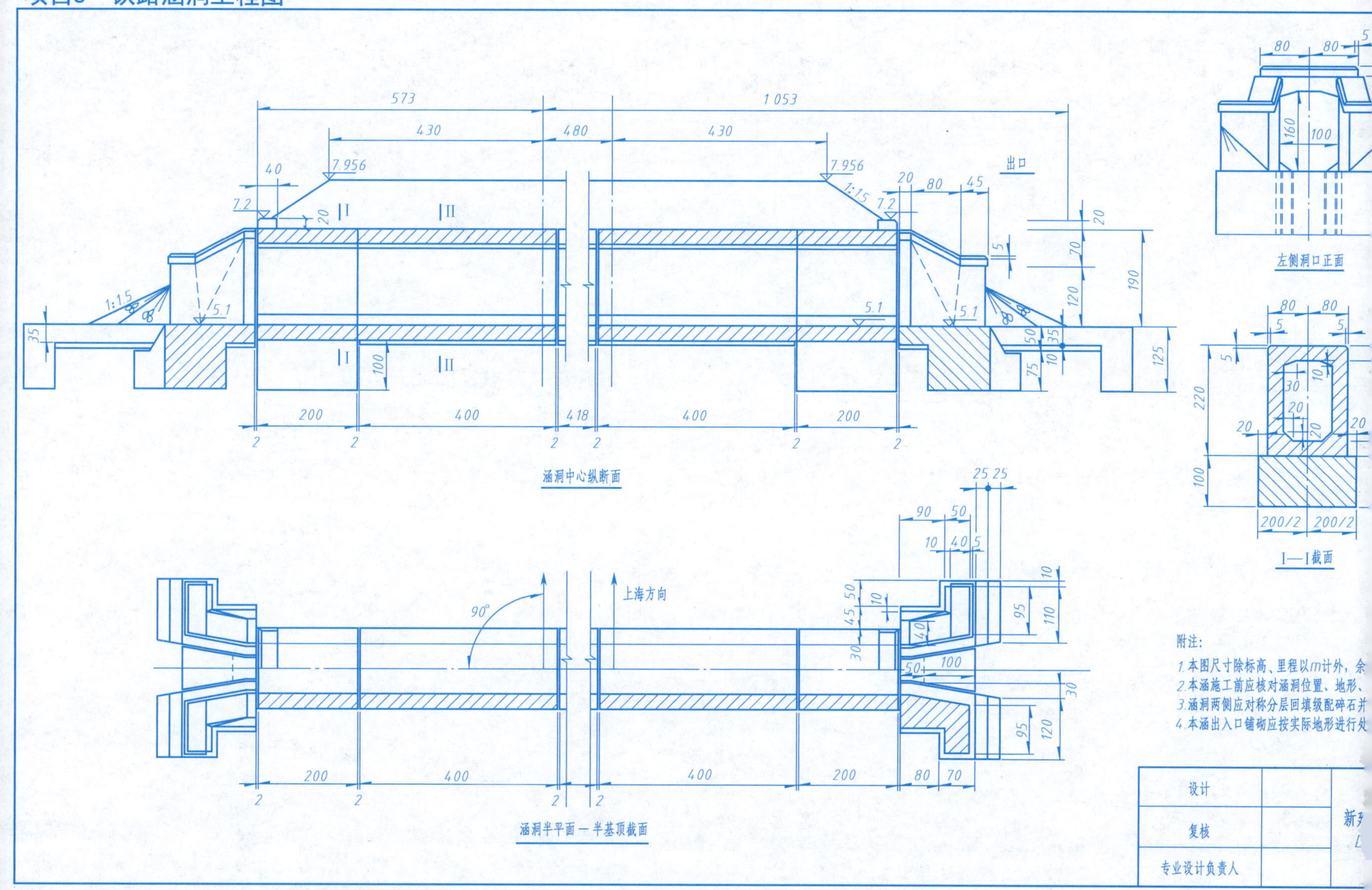

班级

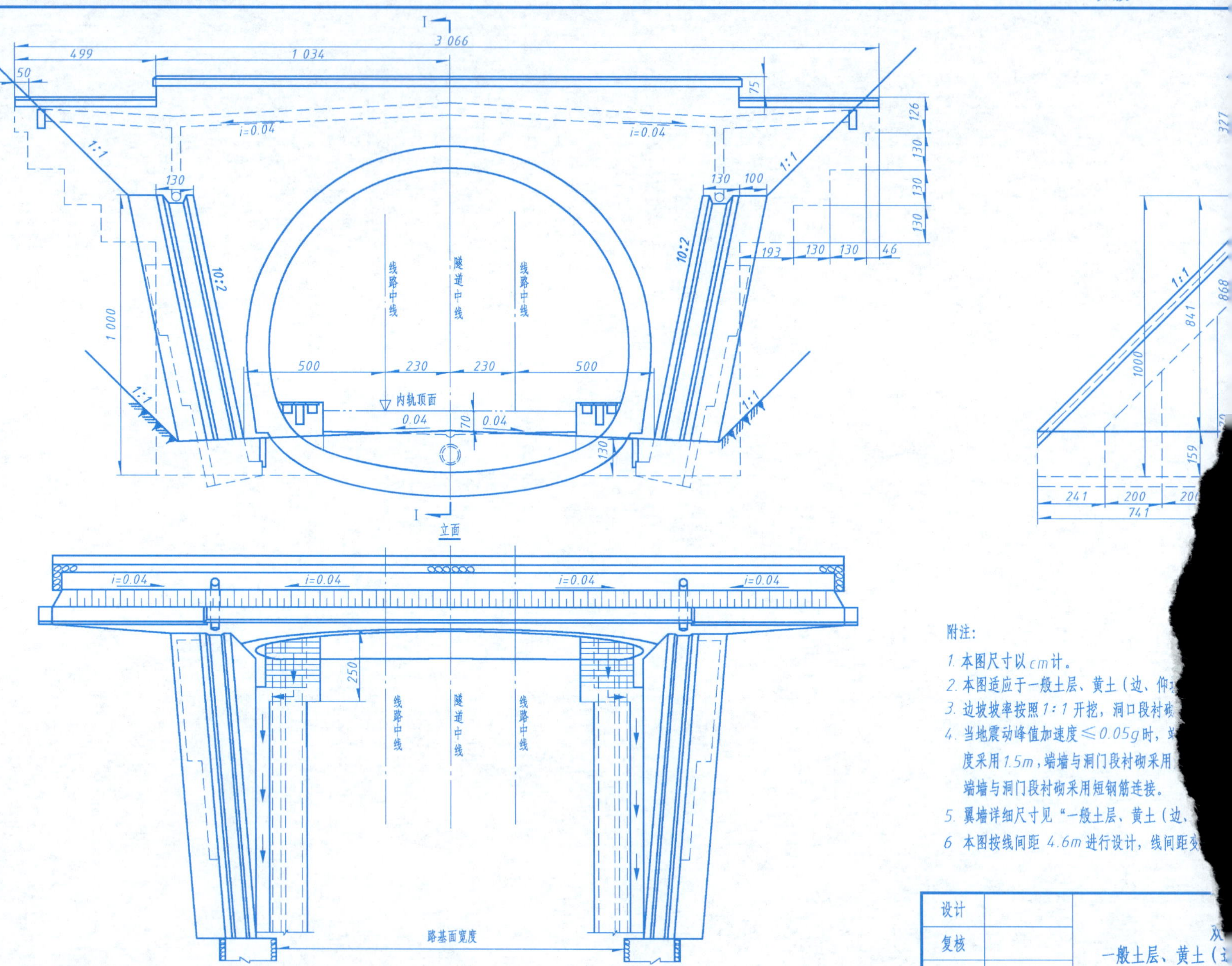

附注：

1. 本图尺寸以cm计。
2. 本图适应于一般土层、黄土（边、仰
3. 边坡坡率按照1∶1开挖，洞口段衬砌
4. 当地震动峰值加速度≤0.05g时，
   度采用1.5m，端墙与洞门段衬砌采用
   端墙与洞门段衬砌采用短钢筋连接。
5. 翼墙详细尺寸见“一般土层、黄土（边、
6. 本图按线间距 4.6m进行设计，线间距

姓名

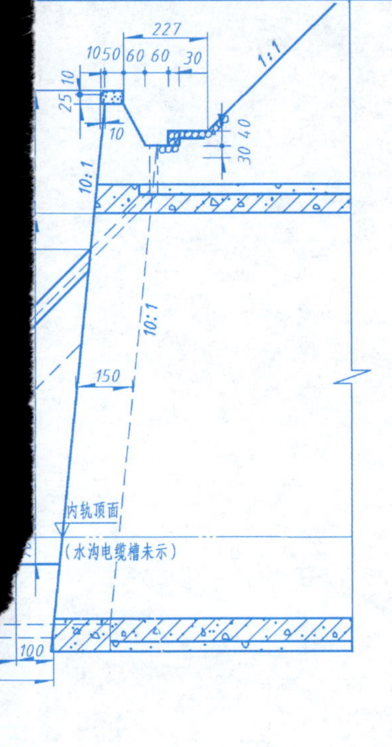

坡 1:1）翼墙式隧道门；括号内的数字适用于Ⅷ度地震区。
按 V 级围岩进行设计，实际工点设计中应根据地层条件进行修改。
端墙厚度采用1.5m；当地震动峰值加速度为0.1～0.15g时，端墙厚
短钢筋连接；当地震动峰值加速度 ≥0.2g，端墙厚度采用2.0m，

仰坡1:1）翼墙式隧道门（二）”。
化时，应参照本图进行修改。

线隧道洞门通用图 、仰坡 1:1）翼墙式隧道门（一）	图号	
	比例尺	1:150
	日期	

阅读隧道洞门图，回答下列问题：

1. 说出该隧道洞门的形式。
2. 说出地面以上端墙的高度、端墙的厚度、倾斜的坡度。
3. 指出双线间的中心距。
4. 端墙后排水沟的排水坡度是多少？沟底的宽度是多少？
5. 与该洞门相连的路基是什么形式？其边坡是多少？
6. 说说洞口的排水路径。

项目10 房屋建筑工程图

1. 建筑平面图

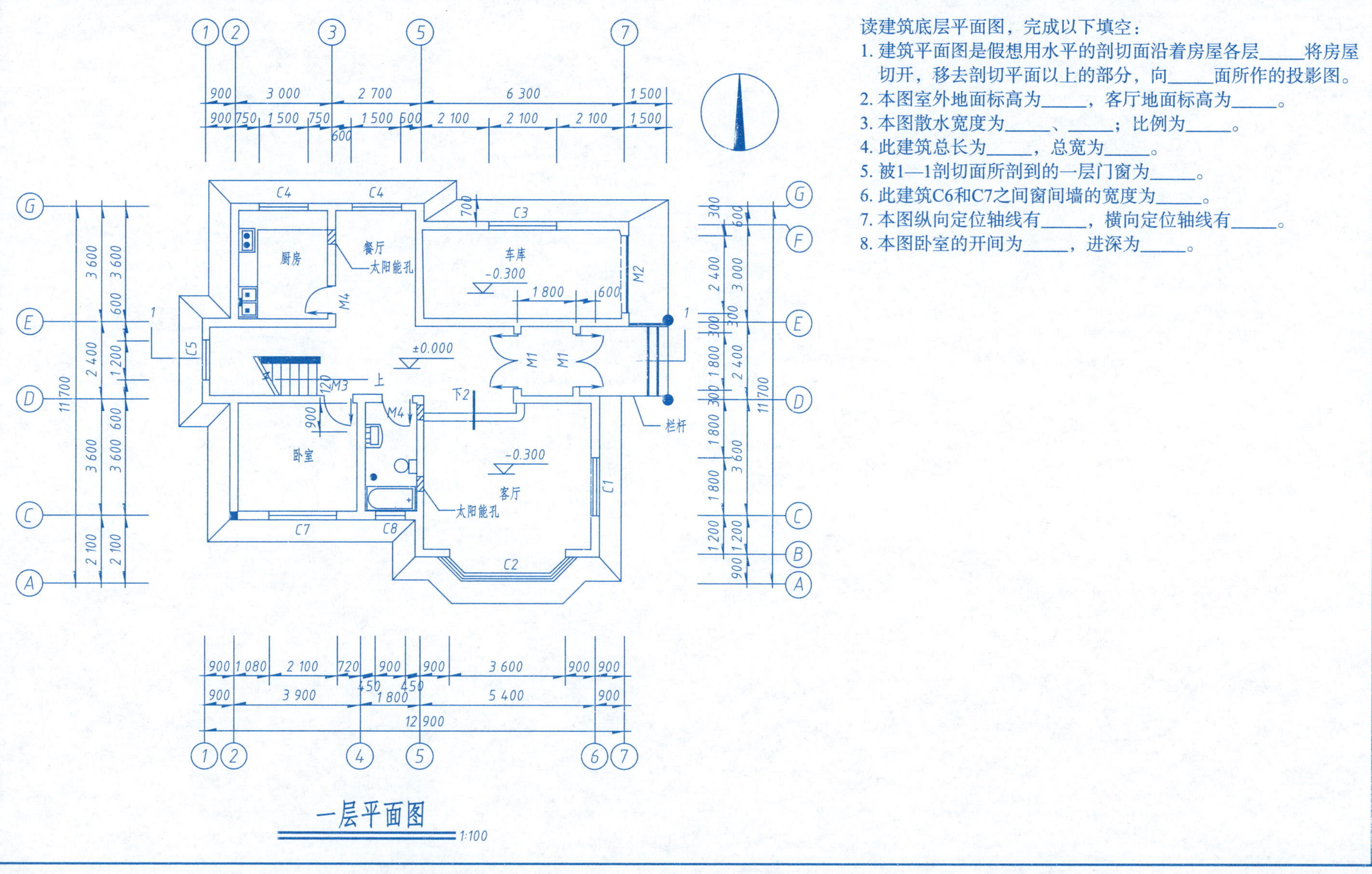

读建筑底层平面图，完成以下填空：

1. 建筑平面图是假想用水平的剖切面沿着房屋各层_____将房屋切开，移去剖切平面以上的部分，向_____面所作的投影图。
2. 本图室外地面标高为_____，客厅地面标高为_____。
3. 本图散水宽度为_____、_____；比例为_____。
4. 此建筑总长为_____，总宽为_____。
5. 被1—1剖切面所剖到的一层门窗为_____。
6. 此建筑C6和C7之间窗间墙的宽度为_____。
7. 本图纵向定位轴线有_____，横向定位轴线有_____。
8. 本图卧室的开间为_____，进深为_____。

2. 建筑立面图

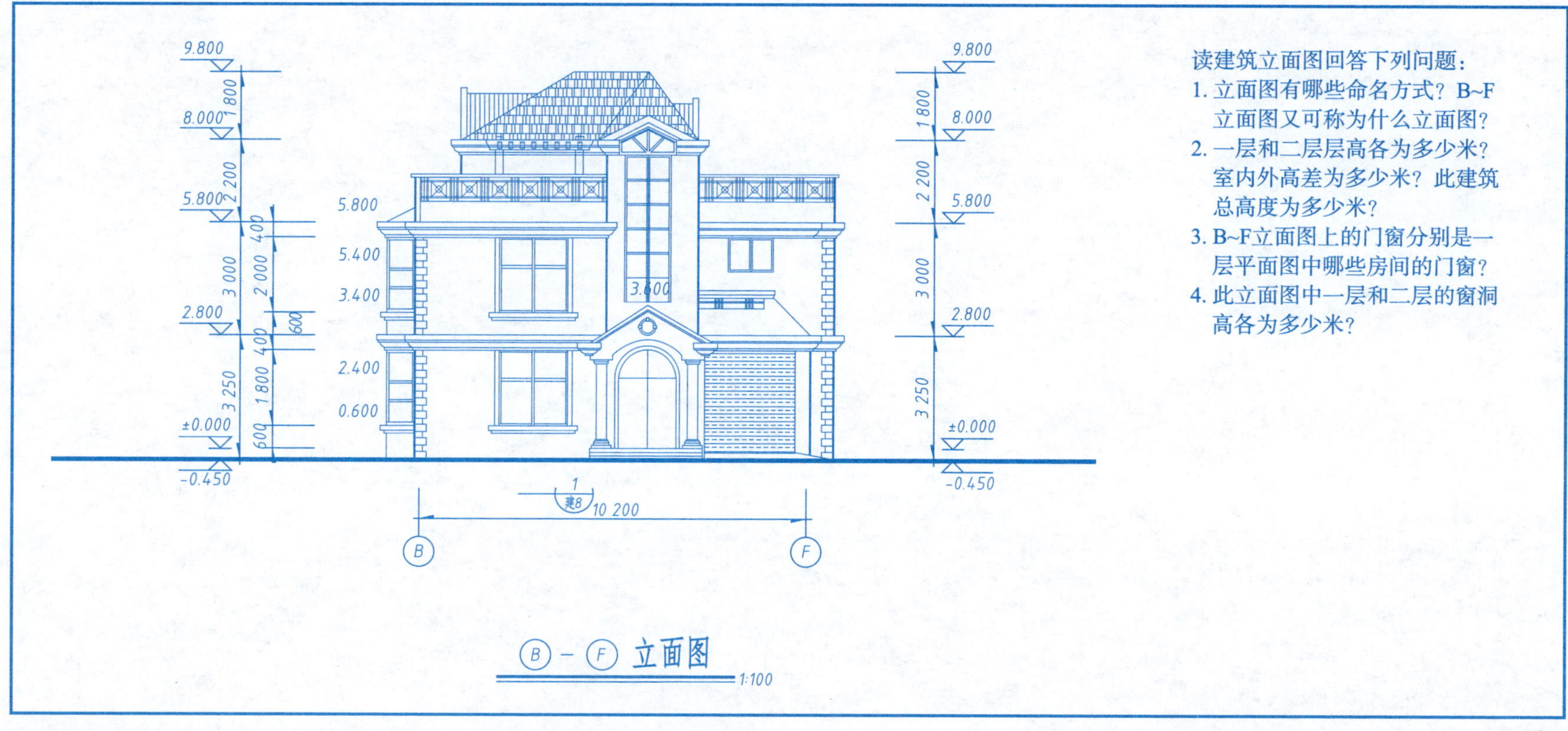

读建筑立面图回答下列问题：

1. 立面图有哪些命名方式？B~F立面图又可称为什么立面图？
2. 一层和二层层高各为多少米？室内外高差为多少米？此建筑总高度为多少米？
3. B~F立面图上的门窗分别是一层平面图中哪些房间的门窗？
4. 此立面图中一层和二层的窗洞高各为多少米？

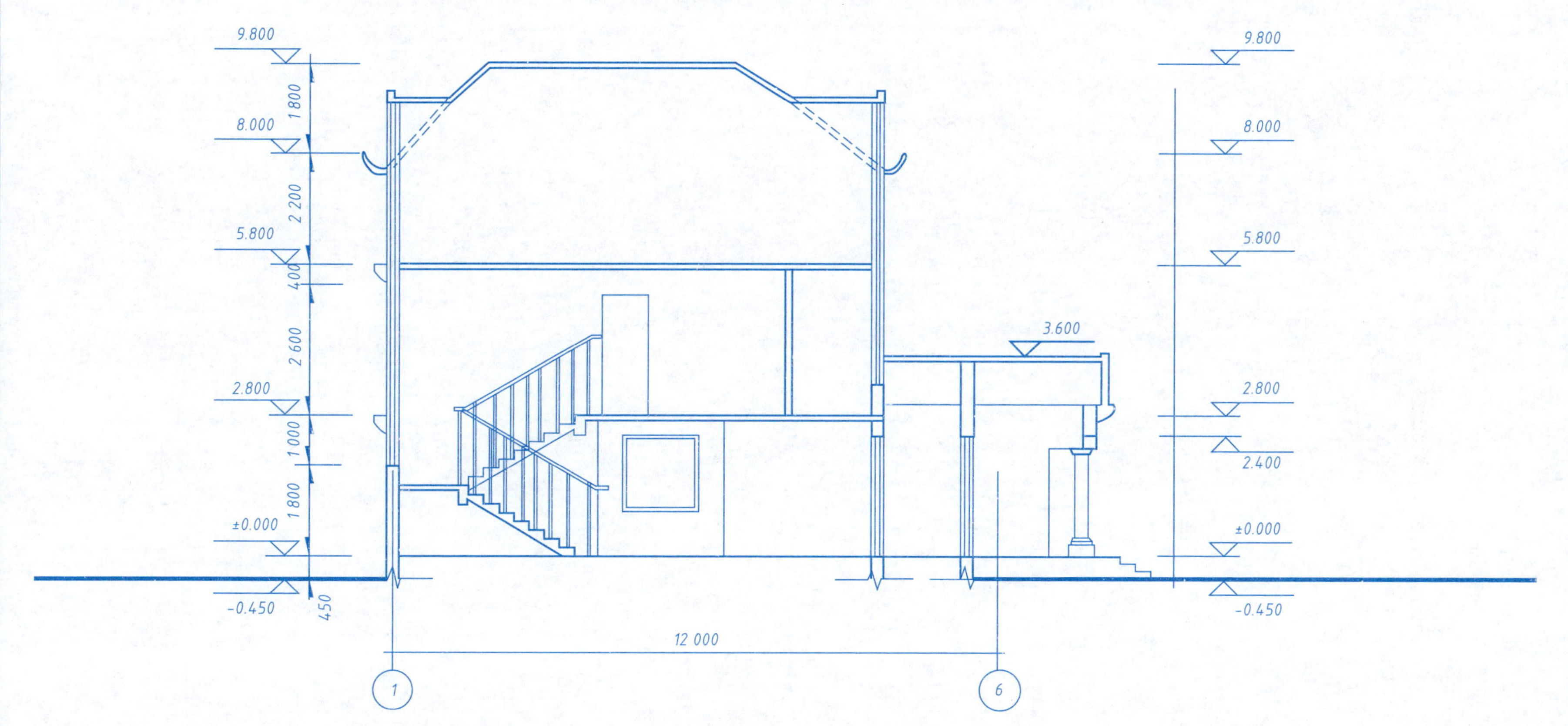

1—1 剖面图 1:100

读建筑剖面图完成以下填空：

1. 此建筑1—1剖面图在一层剖切了________、________、________。
2. 此建筑门厅地面标高为________，室外地坪标高为________，大门门洞高为________。
3. 此建筑第一个楼梯段有____个踏步，第二个楼梯段有_____个踏步。
4. 此建筑一层层高为________，每个踏步高为________，第一个楼梯平台高为________。

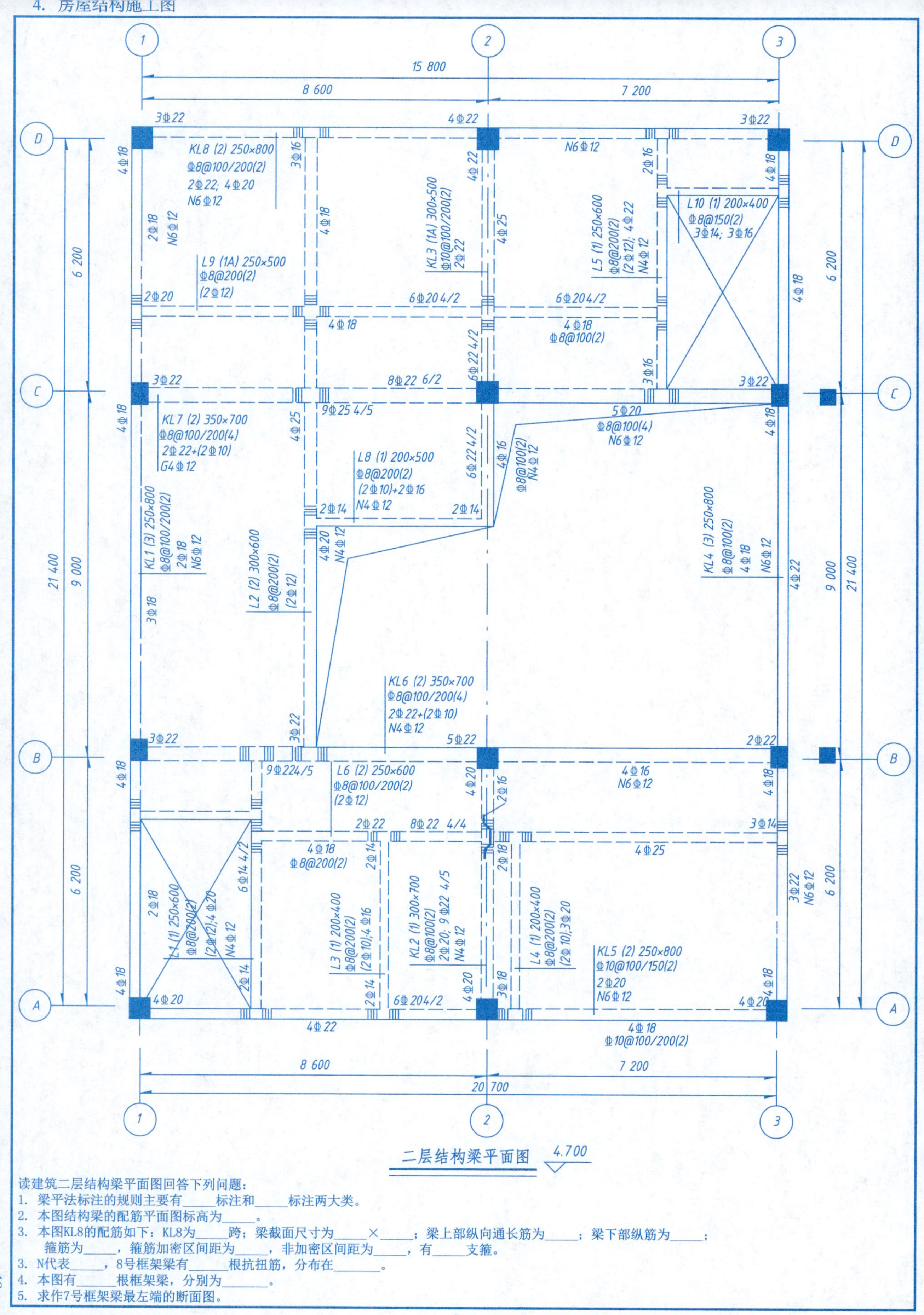

二层结构梁平面图 4.700

读建筑二层结构梁平面图回答下列问题：

1. 梁平法标注的规则主要有_____标注和_____标注两大类。
2. 本图结构梁的配筋平面图标高为_____。
3. 本图KL8的配筋如下：KL8为_____跨；梁截面尺寸为_____×_____；梁上部纵向通长筋为_____；梁下部纵筋为_____；箍筋为_____，箍筋加密区间距为_____，非加密区间距为_____，有_____支箍。
3. N代表_____，8号框架梁有_____根抗扭筋，分布在_______。
4. 本图有_____根框架梁，分别为_______。
5. 求作7号框架梁最左端的断面图。